基于工作项目的 Android 高级开发实战

李钦　主编

赖红　王广峰　副主编

電子工業出版社

Publishing House of Electronics Industry

北京·BEIJING

内容简介

本书采用目前最为流行的移动互联应用项目开发结构——Android 客户端 +PHP 服务端 +Apache 服务器 +MySQL 数据库，详细描述了在线音乐播放器、QQ 在线聊天 APP、在线点餐系统三个项目的开发过程，将每个项目划分成若干个任务，实现 Android 与 PHP 联合编程，作为学生提高移动互联应用项目开发的训练。

本书适合具备一定 Android 编程基础的程序开发爱好者参考使用，也可作为高等院校移动互联开发课程教材和相关培训用书。

图书在版编目（CIP）数据

基于工作项目的 Android 高级开发实战 / 李钦主编 . —北京：电子工业出版社，2015.6

ISBN 978-7-121-26118-3

Ⅰ . ①基… Ⅱ . ①李… Ⅲ . ①移动终端－应用程序－程序设计 Ⅳ . ① TN929.53

中国版本图书馆 CIP 数据核字（2015）第 109688 号

责任编辑：束传政
特约编辑：赵树刚　赵海军
印　　刷：北京京师印务有限公司
装　　订：北京京师印务有限公司
出版发行：电子工业出版社
　　　　　北京市海淀区万寿路 173 信箱　　邮编：100036
开　　本：787×1092　　1/16　印张：13.75　字数：350 千字
版　　次：2015 年 6 月第 1 版
印　　次：2015 年 6 月第 1 次印刷
印　　数：3000 册　　定价：39.00 元

凡所购买电子工业出版社图书有缺损问题，请向购买书店调换。若书店售缺，请与本社发行部联系，联系及邮购电话：（010）88254888。

质量投诉请发邮件至 zlts@phei.com.cn，盗版侵权举报请发邮件到 dbqq@phei.com.cn。

服务热线：（010）88258888。

前　言

随着移动互联网时代的到来，人们的生活和各种移动互联APP密不可分，如QQ、微信、支付宝等。这是一个巨大的新兴市场，吸引着越来越多的软件开发企业加入其中。Android作为一款开源的嵌入式操作系统，吸引了众多的软件开发人员，并且Android手机的市场占有率在我国也是最高的。这使得基于Android的移动互联应用项目开发成为我国移动互联应用项目开发最为重要的部分。

移动互联应用项目的开发包括“移动”的客户端开发及“互联”的服务端开发。目前，同时对客户端开发和服务端开发进行讲解的书籍非常少。本书精选了3个结构清晰、易于理解的移动互联应用项目——在线音乐播放器、QQ在线聊天APP、在线点餐系统，以项目/任务驱动的方式进行讲解，使读者在一步步进行真实项目开发的同时，掌握客户端开发与服务端开发的技术。

Android客户端+PHP服务端+Apache服务器+MySQL数据库，这个结构是我国目前最为流行的移动互联应用项目开发结构。本书采用该结构，将每个项目划分成若干个任务，详细描述了3个项目的开发过程。每个项目最后附有本项目操作的屏幕录像资源二维码图片，读者可手机下载。本书由浅入深、易于理解，既可作为具有一定Android与PHP开发基础的读者的提高性开发教材，也可作为Android与PHP联合编程的入门教材。

本书的内容组织如下：

引子　开发环境配置。本章对Android客户端、PHP服务端、Apache服务器及MySQL数据库的开发环境配置进行了详细的描述。已有Android与PHP开发基础的读者可略过本章。

项目一　在线音乐播放器。本项目描述了在线音乐播放器项目的需求和开发思路，该项目分为两个任务。

任务1-1　服务端开发。详细描述了在线音乐播放器项目的服务端开发，包括服务端代码编写、JSON协议设计等。

任务1-2　客户端开发。详细描述了在线音乐播放器项目的客户端开发，包括客户端界面设计、客户端与服务端通信等。

项目二　QQ在线聊天APP。项目二是一个大幅简化的QQ，描述了该项目的需求和开发思路。该项目分解为两个任务。

任务2-1　用户注册及登录模块开发。详细描述了QQ用户注册与登录的开发，包括服务端开发与客户端开发。

任务2-2　聊天信息发送及接收模块开发。详细描述了QQ在线聊天功能的开发，包括服务端开发与客户端开发。

项目三　在线点餐系统。项目三是一个简单的在线点餐APP，使得顾客在饭店用餐时，可使用饭店提供的平板电脑等设备进行点餐。本项目描述了该项目的需求和开发思路，分解为3个任务。

任务3-1　服务端开发。详细描述了在线点餐系统服务端的开发，包括数据库设计、JSON协议设计、PHP代码编写等。

任务3-2　管理端开发。管理端是指饭店管理人员用于管理菜单的功能模块，基于台式电脑运行。本任务详细描述了管理端模块的开发。

任务3-3　客户端开发。客户端是指饭店用餐者用于点菜的功能模块，基于平板电脑运行。本任务详细描述了客户端模块的开发。

项目四　自我实践。本模块列举了几个移动互联项目开发的题目，并且给出了简单的设计思路。读者可自行安排、选择题目，通过自我实践完成这些题目，加深自己对移动互联项目开发的理解，进一步提高自己的开发技能。

附录A　PHP开发框架初步。本书给出的3个项目都属于小型项目，便于读者理解相关知识与掌握开发技巧。而大型的移动互联项目的开发，多是基于各种PHP框架的。这部分内容对多种PHP框架进行了简单的介绍，并采用ThinkPHP框架，开发了一个简单的小项目。本附录可作为PHP框架的入门阅读。读者在熟练掌握了本书中描述的Android与PHP联合编程技巧后，可阅读本章，进一步提高开发技能。

每个项目最后还安排了“相关知识点与课后题”模块，对项目开发过程中用到的知识点进行了描述；并且各出一些习题，使读者能够进行进一步的思考。该内容对理解项目开发过程不会造成影响，属于扩展型阅读，读者可以选择性地阅读。

本书由李钦主编，赖红、王广峰副主编。具体写作分工如下：李钦负责项目一和项目三，赖红负责项目二，王广峰负责引子、自我实践模块、附录模块。深圳信息职业技术学院软件技术专业的学生邓汉军参与了项目三的代码编写工作。

本书在编写过程中参考了大量的相关文献，学习了业内同仁的宝贵经验，在此表示感谢。由于编者水平有限，书中难免存在不足与疏漏之处，敬请广大读者给出宝贵意见。

编　者

2015年5月

目　录

引子　开发环境配置

本书采用 Android 客户端 +PHP 服务端 +Apache 服务器 +MySQL 数据库的结构进行移动互联应用项目的开发。该开发结构需要对 Android 客户端开发环境、PHP 服务端开发环境、Apache 服务器开发环境及 MySQL 数据库开发环境进行综合配置，过程较为烦琐。本章将对开发环境进行初步的配置。

0.1　安装 JDK

1．JDK下载

进入 Oracle 公司的主界面 http://www.oracle.com/index.html，选择 Downloads 页面中的 Java for Developers，如图 0-1 所示。

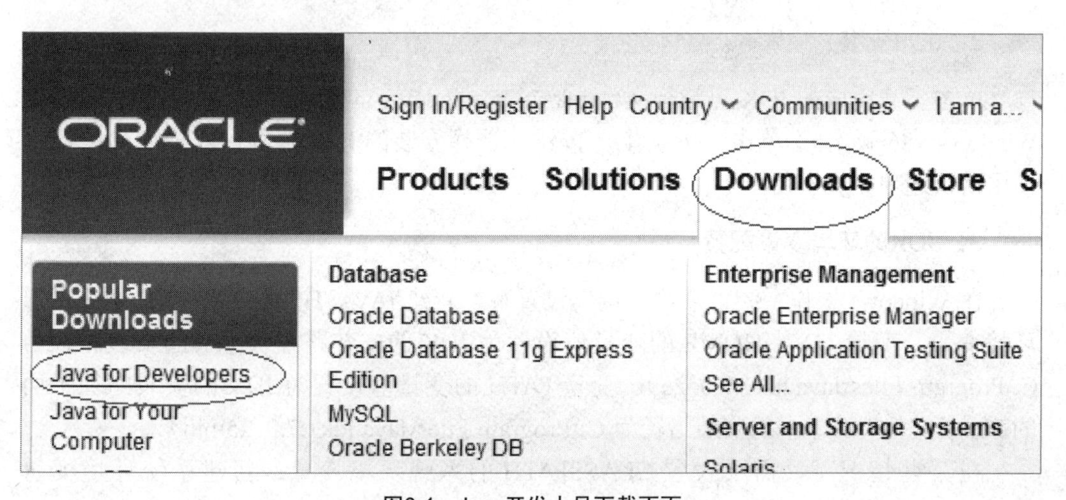

图0-1　Java开发人员下载页面

进入下载页面后，单击 JDK DOWNLOAD 按钮（见图 0-2），进入 JDK 的下载列表，根据自己计算机操作系统的不同选择不同的 JDK 版本（32 位操作系统选择 Windows x86；64 位操作系统选择 Windows x64）。由于 32 位 JDK 兼容性较好，本书建议使用 32 位 JDK。32 位 JDK 可在 32 位及 64 位操作系统中使用，64 位 JDK 只能用于 64 位操作系统。

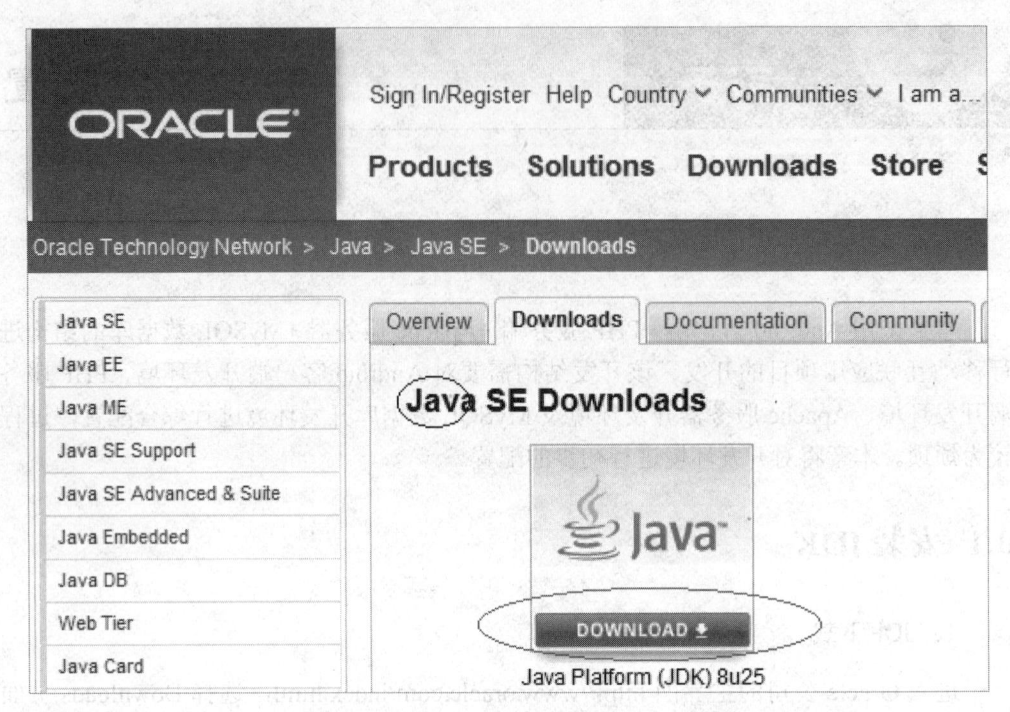

图0-2 JDK下载页面

2．JDK安装

单击下载完成的JDK可执行文件jdk-7u25-windows-i586.exe（本书下载的是32位Windows x86版本），单击“下一步”按钮，选择安装的JDK路径，完成安装。建议使用默认选项完成安装。

3．JDK的环境变量配置

在Windows操作系统“环境变量”设置页，新建JAVA_HOME和PATH两个用户环境变量。变量JAVA_HOME的变量值设置为JDK的安装路径（本书的安装路径为C:\Program Files\Java\jdk1.7.0_25）。变量PATH的变量值设置为JDK的安装路径下面的bin子文件夹（本书的安装路径为C:\Program Files\Java\jdk1.7.0_25\bin）。

在某些情况下，需要设置CLASSPATH的系统环境变量。新建系统环境变量CLASSPATH，变量值设置为“.;%JAVA_HOME%\lib\dt.jar;%JAVA_HOME%\lib\tools.jar;”。注意，变量值里最前面的“.”和“;”一定要填入，而且是半角符号。

4．验证是否成功

按快捷键WIN+R，在命令行中输入CMD命令（见图0-3），进入命令行显示界面。

在命令行界面中输入“java -version”命令，若能正确输出版本号，则软件安装配置成功。本命令也可用于检测本机安装的JDK是32位还是64位。

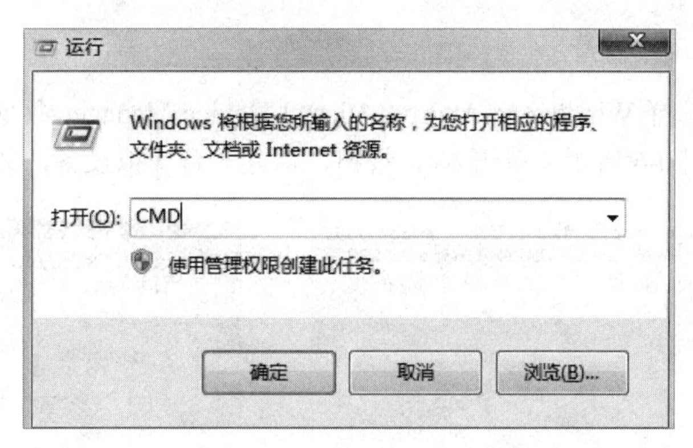

图0-3 CMD命令

0.2 基于ADT插件的Eclipse环境的下载和安装

1. 下载与安装

登录安卓的开发网站 http://developer.android.com/sdk/index.html，选择 ADT Bundle For Windows 下载软件，根据 32 位或者 64 位的 JDK 选择对应的下载版本，32 位 JDK 只能使用 32 位 ADT，64 位 JDK 只能使用 64 位 ADT，如图 0-4 所示。

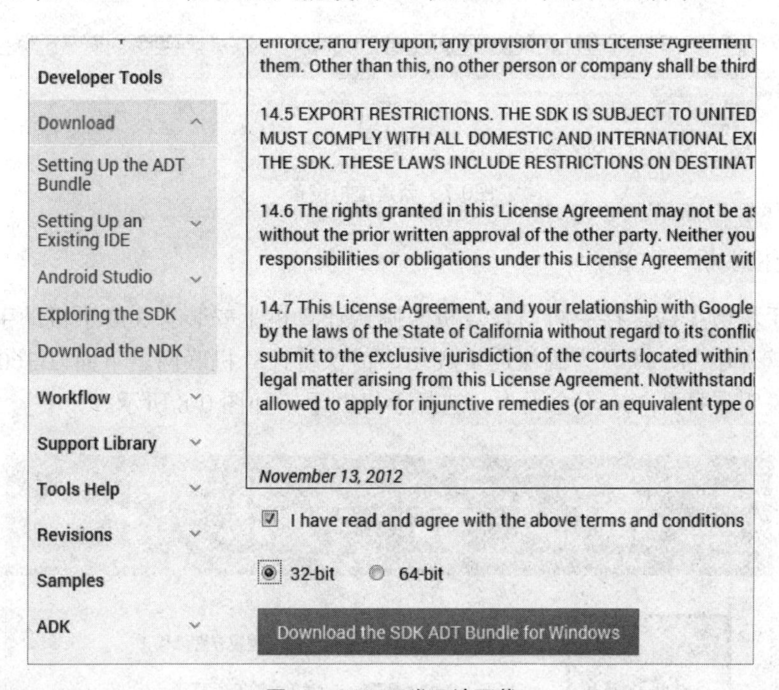

图0-4 ADT开发环境下载

Eclipse 为绿色软件。下载成功后解压缩软件包，单击运行 eclipse.exe 就可以启动开发环境，如图 0-5 所示。

2．设置安卓虚拟设备

在菜单栏中选择 Window → Android Virtual Device Manager 命令进入安卓虚拟设备管理界面，如图 0-6 所示；单击 New 按钮，新建一台虚拟设备，如图 0-7 所示。

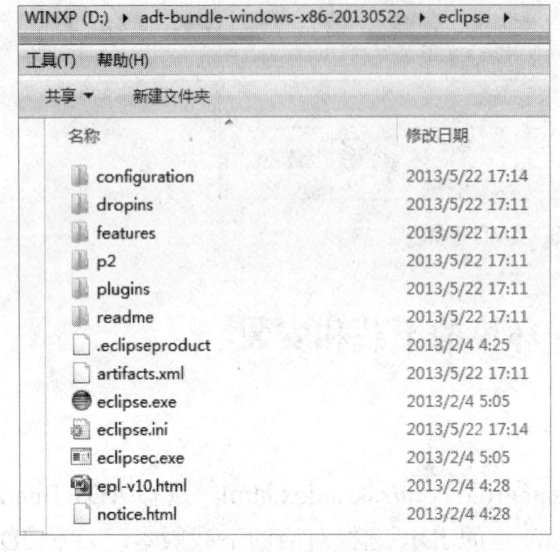

图0-5 ADT开发环境启动

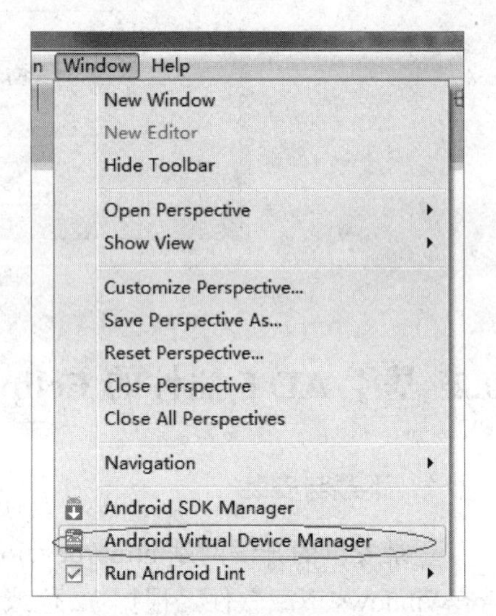

图0-6 启动虚拟设备管理器

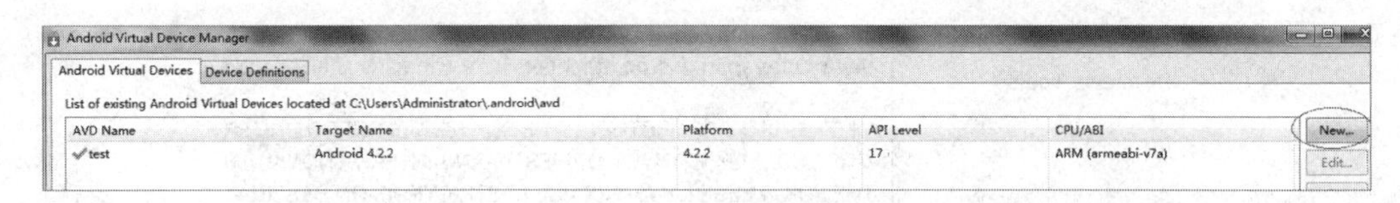

图0-7 新建虚拟设备

3．连接手机

使用手机数据线连接手机与计算机。确认计算机上安装有 360 手机助手、腾讯手机助手等软件中的一款。为确保连接成功，请保持计算机联网。下面以 360 手机助手为例进行说明。打开 360 安全卫士，选择手机助手，如图 0-8 所示。

图0-8 开启手机助手

单击“我的手机”，如果正常显示手机截屏图像，则表示已连接成功，如图 0-9 所示。

图0-9　手机连接成功

4．测试

双击 eclipse.exe，在弹出的对话框中设定工作空间，如图 0-10 所示。

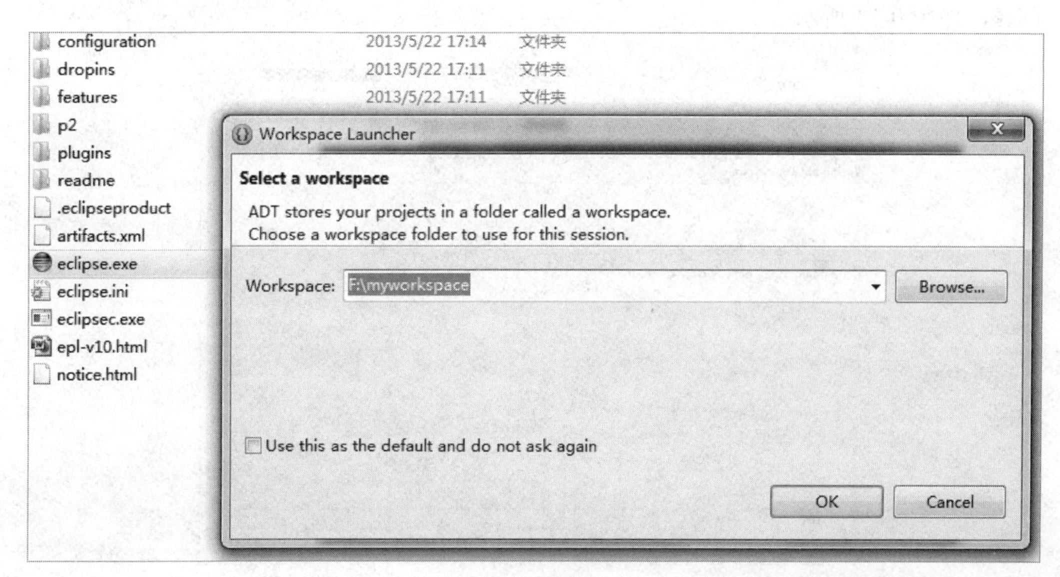

图0-10　开启ADT

选择 File → New → Android Application Project 命令，新建一个工程，如图 0-11 所示。

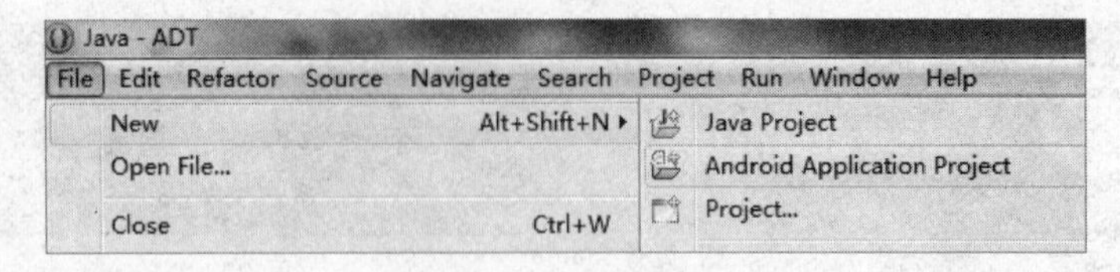

图0-11　新建工程

应用程序名填写 helloworld，其他默认，如图 0-12 所示。

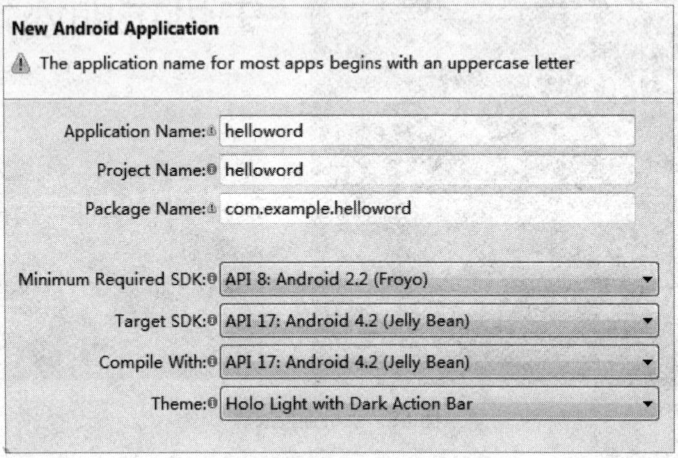

图0-12　新建应用程序

单击 Next 按钮，在所有页面中使用默认选项，最后单击 Finish 按钮，完成工程的创建，如图 0-13 所示。

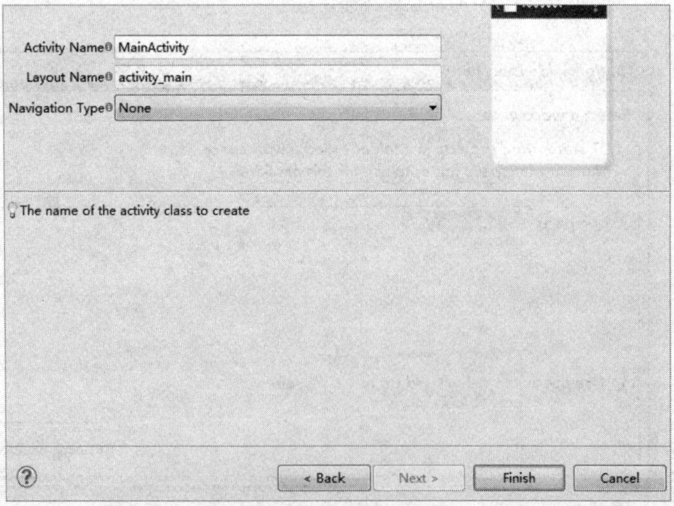

图0-13　新建视图

在 helloword 项目上单击鼠标右键，在弹出的快捷菜单中选择 Run As → Run Configurations 命令，如图 0-14 所示。

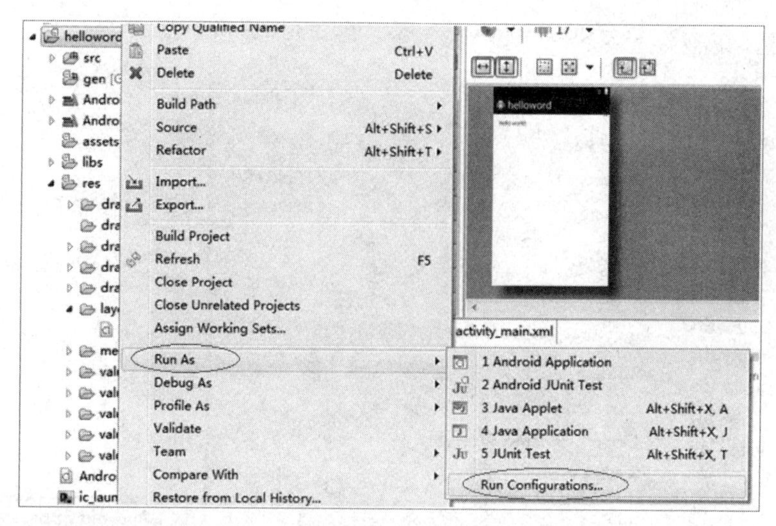

图0-14　运行配置

在弹出的页面中，确认 helloword 被选中，否则使用 Browse 按钮切换，如图 0-15 所示。然后单击 Target 选项卡，选择 Always prompt to pick device 单选按钮，再单击 Apply 按钮，关闭当前窗口，如图 0-16 所示。

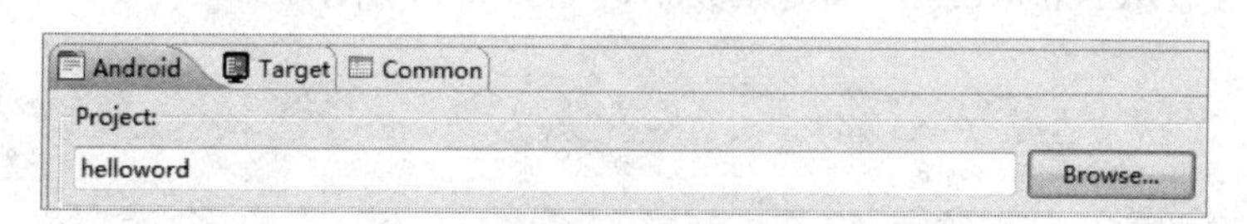

图0-15　浏览工程

Android　Target　Common
Deployment Target Selection Mode
Always prompt to pick device
Launch on all compatible devices/AVD's
Active devices and AVD's
Automatically pick compatible device: Always uses preferred AVD if set below, launches on compatibl
Select a preferred Android Virtual Device for deployment:

AVD Name	Target Name	Platform	API Level	CPU/ABI
test	Android 4.2.2	4.2.2	17	ARM (ar

Apply　Revert

图0-16　设置发布对象

在 helloword 项目上单击鼠标右键，在弹出的快捷菜单中选择 Run As → Android Application 命令，如图 0-17 所示。

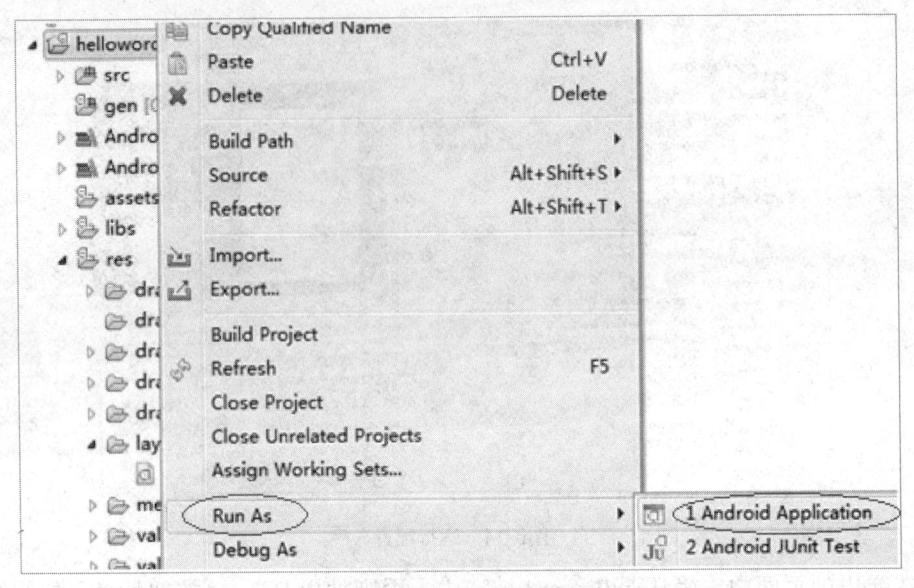

图0-17　设置运行模式

在弹出的页面中选择使用手机或虚拟设备进行测试，如图 0-18 所示。单击 OK 按钮，若屏幕能正常显示 helloworld，则测试成功，如图 0-19 所示。

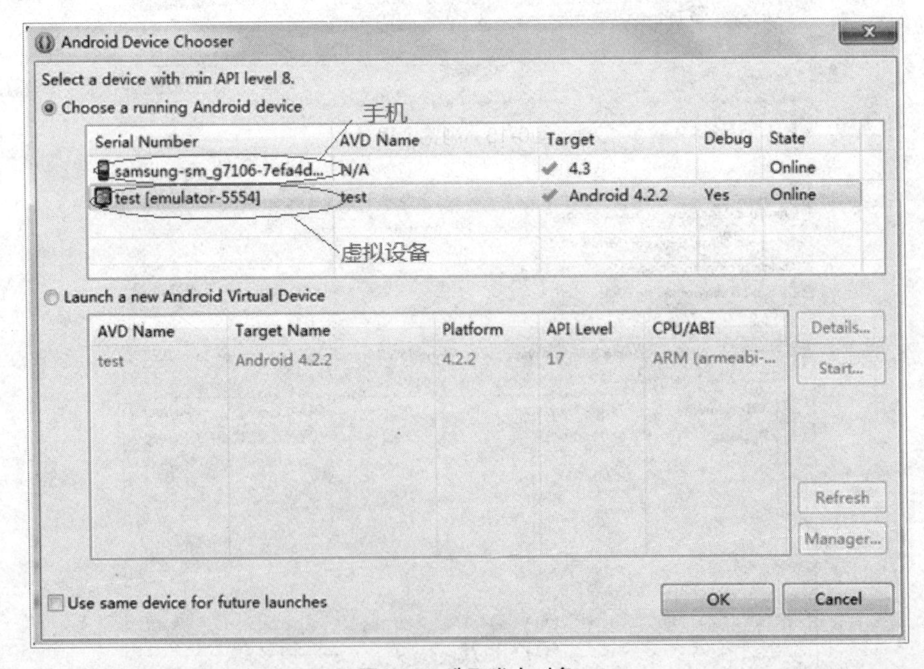

图0-18　选取发布对象

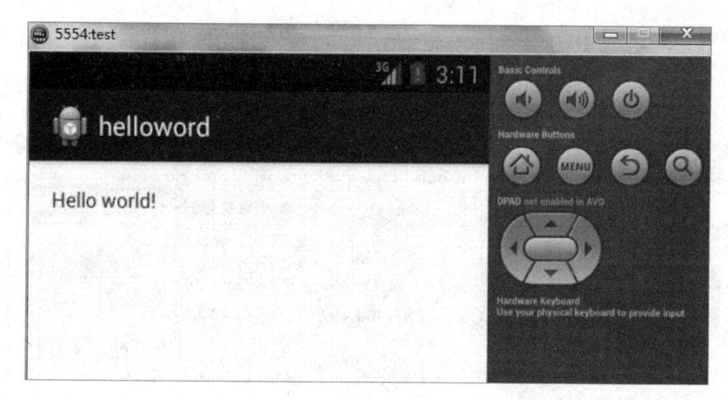

图0-19　运行效果

0.3 基于 PDT 插件的 Eclipse 环境的下载和安装

1. 下载

打开网页 http://www.eclipse.org/pdt/index.html#download，根据自己的操作系统下载相应的版本，如图 0-20 所示。本书使用 32 位版本。

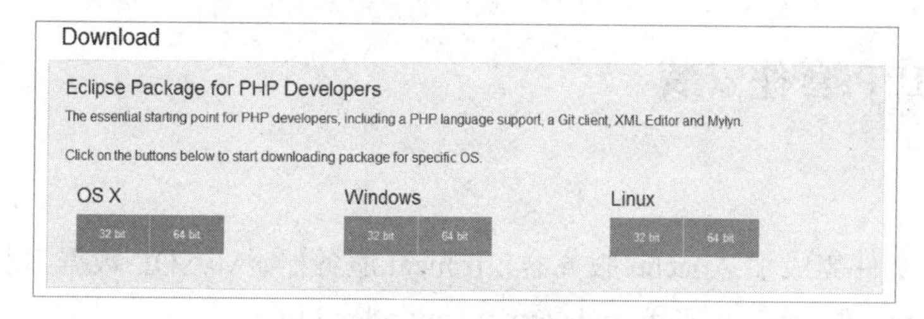

图0-20　PDT下载页面

2. 安装与测试

下载解压之后，单击 eclipse.exe，为 Workspace 指定位置，如图 0-21 所示。

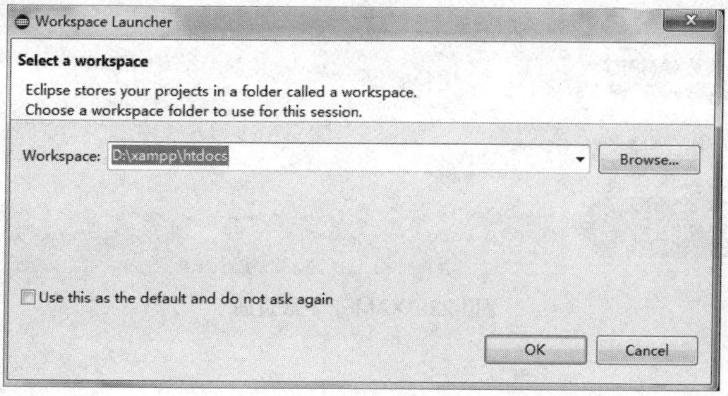

Workspace Launcher
Select a workspace
Eclipse stores your projects in a folder called a workspace.
Choose a workspace folder to use for this session.
Workspace: D:\xampp\htdocs　Browse...
Use this as the default and do not ask again
OK　Cancel

图0-21　指定位置

选择 File → New → PHP Project 命令，即可开始编写 PHP 程序，如图 0-22 所示。同属 Eclipse，PDT 的快捷键默认设置与 ADT 相同。

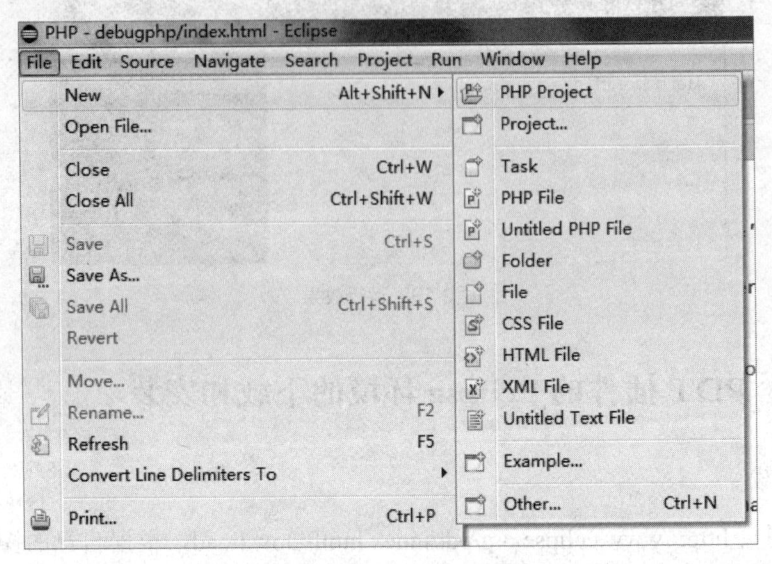

图0-22 开始编写PHP程序

0.4 XAMPP 套件安装

1. 下载

XAMPP 套件集成了 Apache 服务器、Tomcat 服务器、MySQL 数据库及 PHP 语言。下载地址为 https://www.apachefriends.org/zh_cn/index.html。

根据自己的操作系统下载，如图 0-23 所示。注意：32 位操作系统需要安装 PHP 5.5 之前的版本。

图0-23 XAMPP下载页面

2．安装

双击下载的.exe文件开始安装，建议不要安装到C盘。如图0-24所示为安装成功后，安装文件夹中的文件列表。

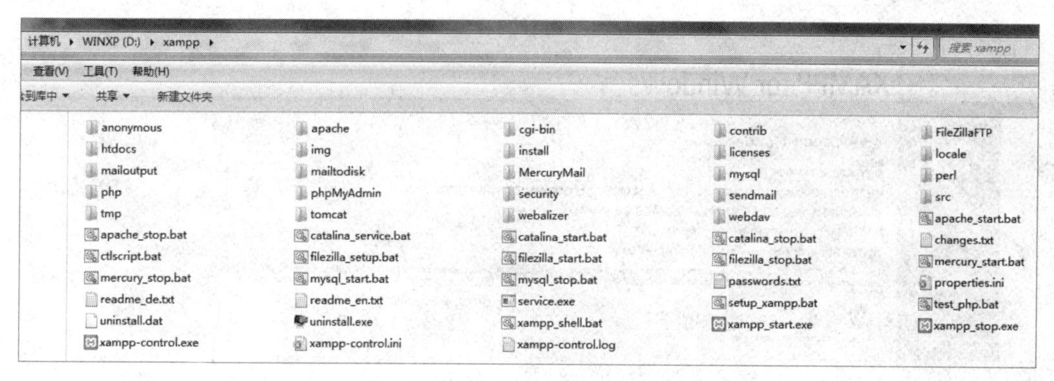

图0-24　安装文件列表

3．开启服务

双击安装文件夹中的xampp-control.exe文件，打开XAMPP控制面板，单击Start按钮，开启Apache服务器与MySQL数据库，如图0-25所示。需要Tomcat的用户，也可开启Tomcat服务器。

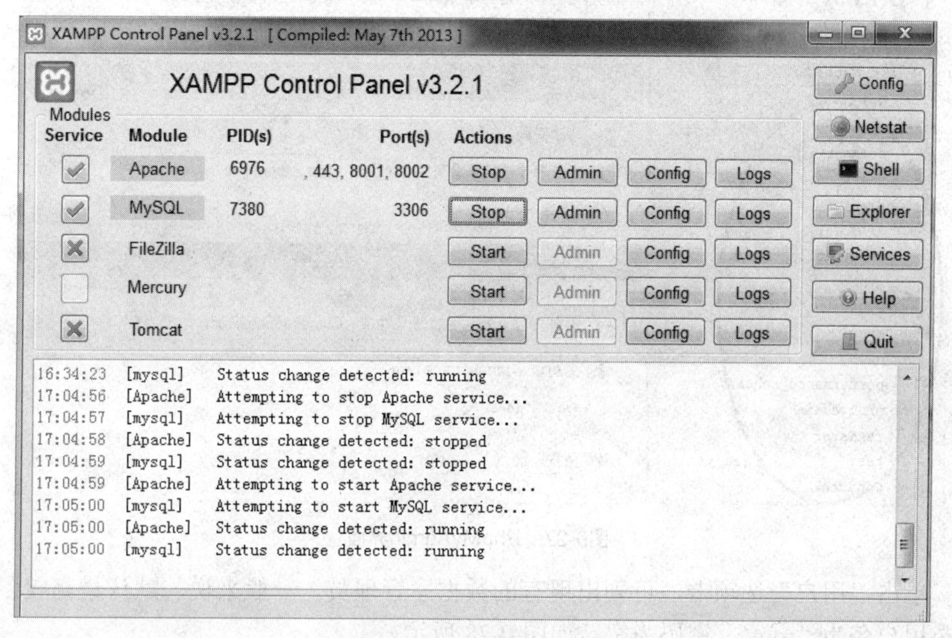

图0-25　XAMPP控制面板

打开浏览器，输入“http://localhost”，选择中文，即可开启中文管理界面，如图 0-26 所示。

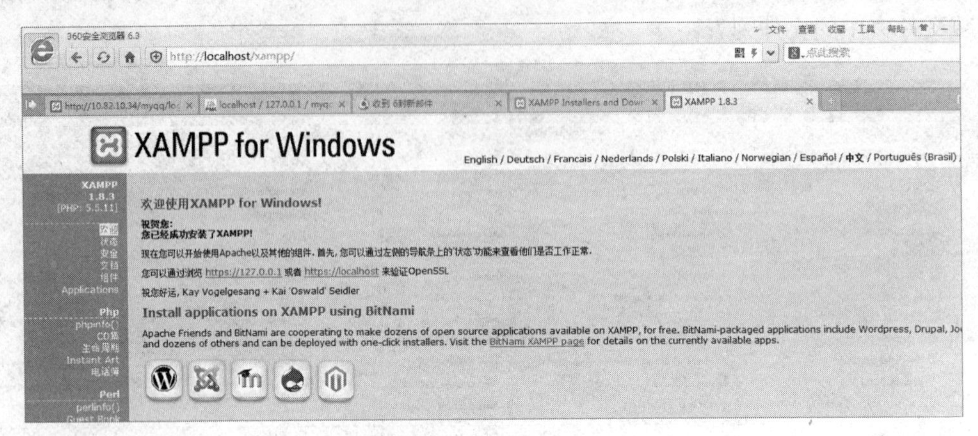

图0-26 XAMPP管理界面

4．数据库用户管理

单击左侧的 PhpMyAdmin，即可对数据库进行管理。左侧列表为本机现有的数据库，如图 0-27 所示。

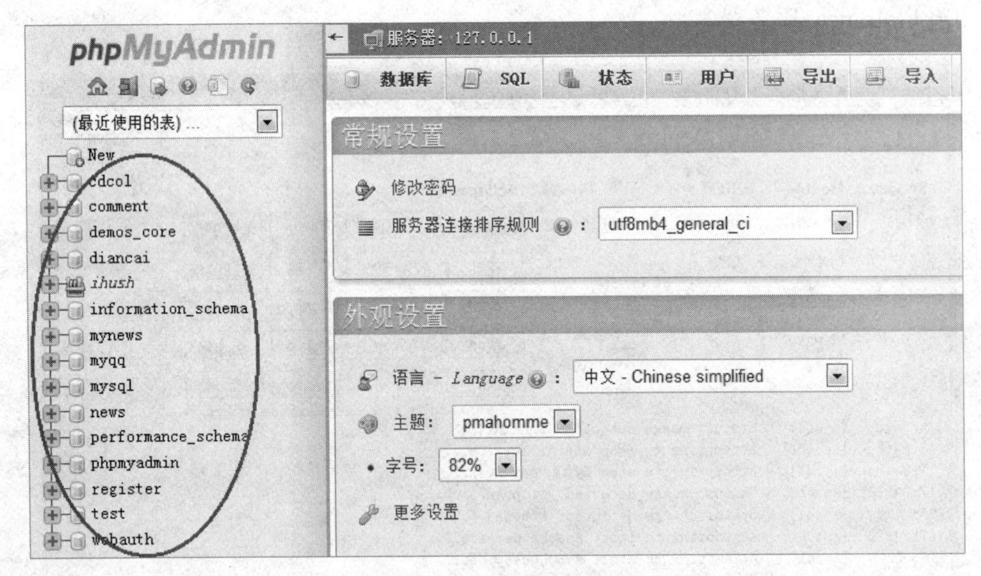

图0-27 PhpMyAdmin界面

单击“用户”选项卡，可列出现有的数据库管理员。一般来说，默认最高权限管理员用户名为“root”，密码为空，如图 0-28 所示。

通常我们不使用空密码，需要按下面的步骤修改密码。

单击左侧数据库列表进入 MySQL 数据库，在顶部单击 SQL 进入 SQL 输入界面。输入以下命令：

```
update user set password=password ('passwd') where user='root'
```

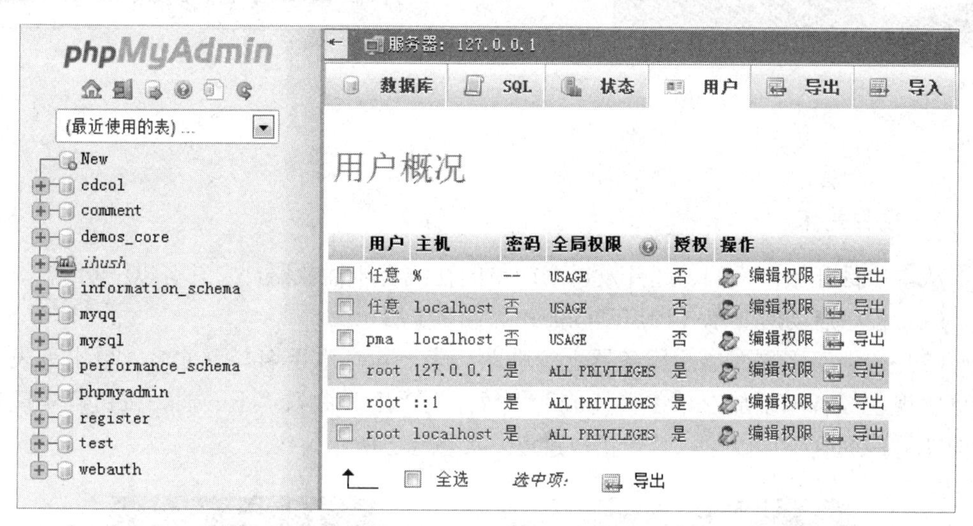

图0-28　数据库用户管理

其中 passwd 为用户希望修改的密码，如图 0-29 所示。单击右下角的“执行”按钮执行 SQL。注意：切记不要在 PhpMyAdmin 的用户管理界面中直接手工修改密码。

图0-29　数据库密码修改

SQL 执行成功后，打开 D:\xampp\phpMyAdmin\config.inc.php 进行修改：

```
$cfg['Servers'] [$i]['auth_type'] = 'config';
```

改为

```
$cfg['Servers'][$i]['auth_type'] = 'http';
```

```
$cfg['Servers'][$i]['password'] = ' ';
```

改为

```
$cfg['Servers'][$i]['password'] = 'passwd';
```

在线音乐播放器

1. 项目需求

从本项目开始，我们一起开发一个简单的在线音乐播放器，它具有以下功能。

（1）程序启动时显示一个启动画面，如图 1-1 所示。

（2）在程序主页面显示服务器上的歌曲列表，包括歌手名与歌曲名，单击列表条目可实现在线音乐播放，单击“播放”、“暂停”、“上一曲”、“下一曲”按钮可实现对应的功能，进度条可以显示歌曲播放进度，如图 1-2 所示。

图1-1　程序启动画面

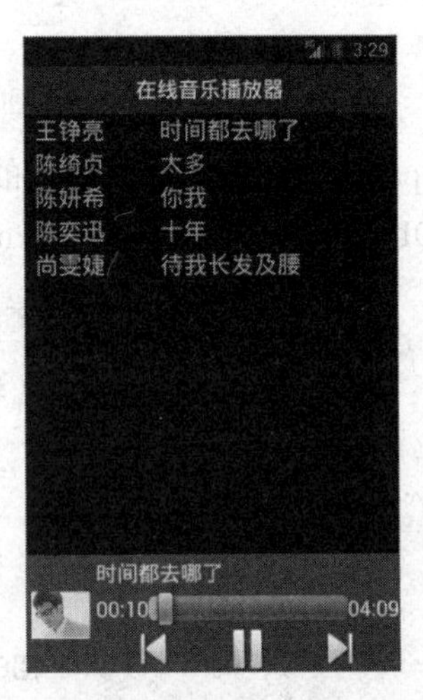

图1-2　程序主页面

2. 项目设计思路

在线音乐播放器的开发包括客户端的开发与服务端的开发。音乐资源存放在服务器上。客户端向服务端发送 URL 请求，服务端将歌手名、歌曲名、MP3 链接信息封装为 JSON 数组，返回给客户端，如图 1-3 所示。下面对服务端与客户端分别进行设计。

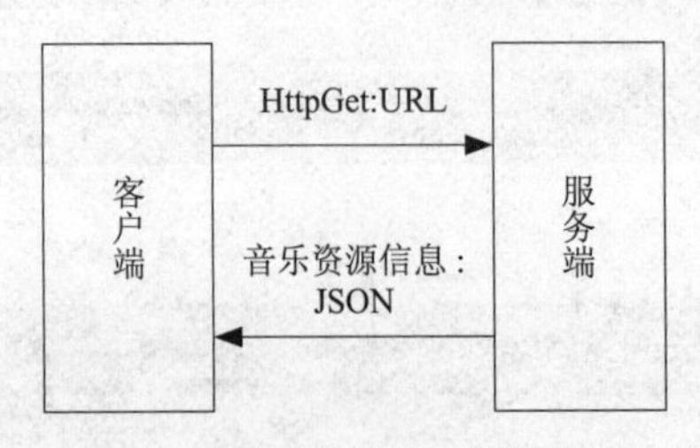

图1-3　在线音乐播放器开发框架

要满足项目需求，服务端需要按以下思路设计：

（1）在 Apache 服务器上合理设计本项目的目录结构，存放音乐资源文件及音乐信息索引文件。

（2）设计服务端与客户端的信息交互接口，包括访问 URL、访问参数、返回值。

（3）设计音乐信息索引文件，按照 JSON 格式存放音乐信息，可以方便地将音乐信息返回给客户端。

要满足项目需求，客户端设计结构如图 1-4 所示，相应的设计思路如下：

（1）设计一个程序启动动画视图类 SplashActivity，用于显示一个启动动画，显示 APP 名称、版本信息等。动画播放完成后，跳转到主视图。

（2）设计一个主视图类 MainActivity，作为提供给用户的操作界面，控制音乐的播放。

（3）设计一个 HTTP 访问功能类 HttpAsyncRequestTask，负责客户端与服务端信息的交互。

（4）设计一个音乐信息封装类 Music，用于封装音乐信息，如歌手名、音乐名等，方便在不同的类之间传递音乐信息。

（5）设计一个音乐播放服务类 MusicService，用于在后台播放音乐。MainActivity 通过 HttpAsyncRequestTask 从服务器获取到音乐信息，通过 Music 封装后，传递给 MusicService，从而实现音乐的播放。

（6）设计一个音乐播放工具类 MusicUtil，用于实现音乐播放的具体操作，如播放、暂停、上一曲、下一曲等。MusicService 通过调用 MusicUtil 中的方法实现音乐播放的具体操作。

（7）设计一个音乐列表显示适配器类 MusicListViewMainAdapter，用于音乐列表显示。MainActivity 通过 HttpAsyncRequestTask 从服务器获取到音乐信息，通过 Music 封装后，传递给 MusicListViewMainAdapter，从而实现音乐列表的显示。

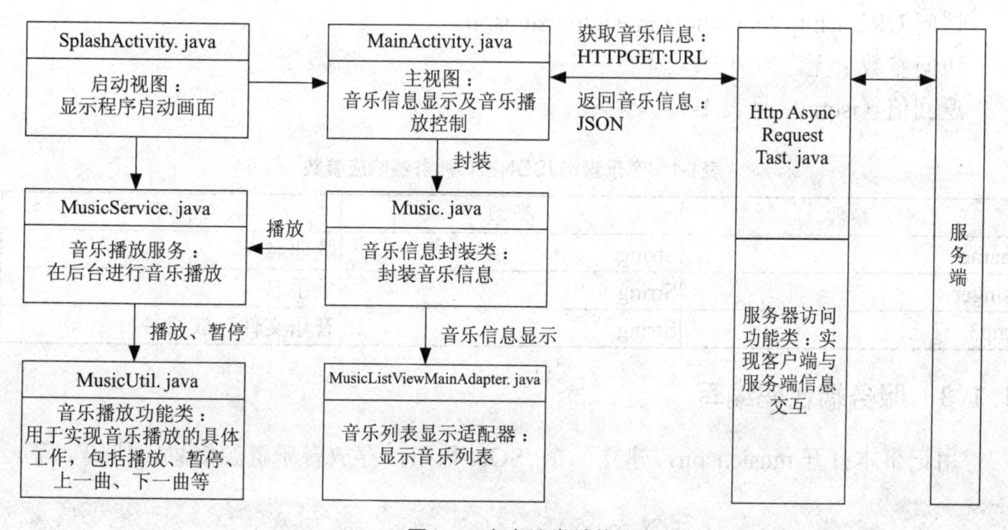

图1-4　客户端类结构

按照以上设计思路，我们把本项目的开发划分为两个任务：任务1-1服务端开发；任务1-2客户端开发。下面我们对两个任务分别进行描述。

任务1-1 服务端开发

1.1.1 服务端目录结构设置

在XAMPP的安装文件夹中找到htdocs文件夹，在该文件夹中新建一个music文件夹，用于存放音乐资源。在music文件夹中新建一个文本文件，命名为music.json，存放歌手名、歌曲名、音乐文件存放路径等信息。服务端文件结构如图1-5所示。

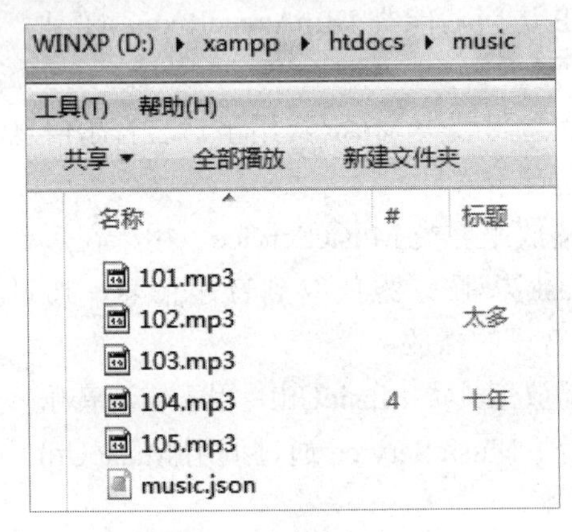

图1-5 服务端文件结构

1.1.2 接口设计

访问URL：http://localhost/music/music.json。

访问参数：无。

返回值（json）：见表1-1。

表1-1 音乐查询JSON接口服务器响应参数

参数	类型	说明
name	String	歌曲名
singer	String	歌手名
mp3	String	音乐文件存放路径

1.1.3 服务端代码编写

用记事本打开music.json，建立一个JSON数组，存放音乐资源信息，代码如下。

```
D:\xampp\htdocs\music\music.json
[{"name":"时间都去哪了","singer":"王铮亮","mp3":"music/101.mp3"},
```

```
{"name":"太多","singer":"陈绮贞","mp3":"music/102.mp3"},
{"name":"你我","singer":"陈妍希","mp3":"music/103.mp3"},
{"name":"十年","singer":"陈奕迅","mp3":"music/104.mp3"},
{"name":"待我长发及腰","singer":"尚雯婕","mp3":"music/105.mp3"}]
```

注意：这里需要将 music.json 保存为 UTF-8 格式。选择“另存为”命令，然后将编码格式更改为 UTF-8 即可。

1.1.4　测试

在 XAMPP 安装文件夹中双击 xampp-control.exe 文件，打开 XAMPP 控制台。在控制台中单击 Apache 服务器对应的 Start 按钮，开启 Apache 服务器，如图 1-6 所示。

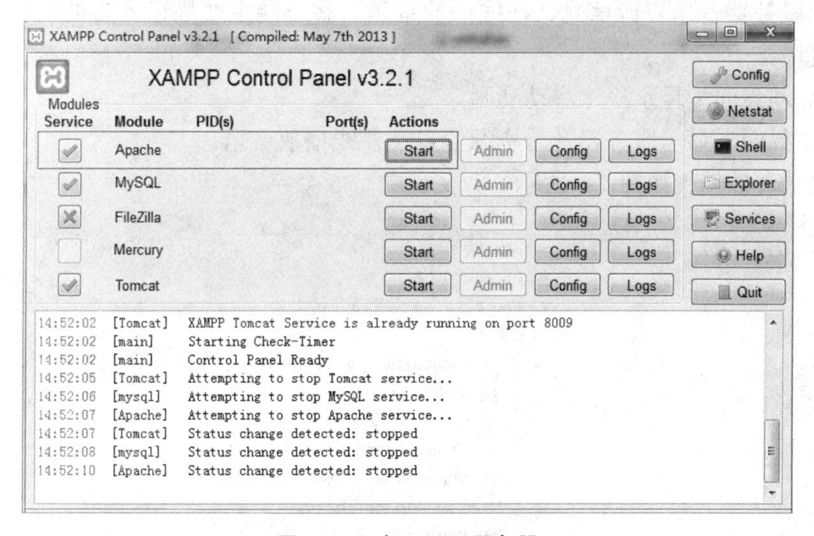

图1-6　开启Apache服务器

打开浏览器，在地址栏中输入 http://localhost/music/music.json，如果能够正常打开页面，则测试成功，如图 1-7 所示。

图1-7　测试成功

注意：如果希望使用Tomcat服务器，则需将上述开发的服务端（music文件夹）复制到D:\xampp\tomcat\webapps\中，在XAMPP控制台中关闭Apache服务器，开启Tomcat服务器，然后在浏览器地址栏中输入http://localhost:8080/music/music.json进行测试。

任务1-2　客户端开发

1.2.1　客户端文件结构

在线音乐播放器客户端为Android客户端，主要实现的功能包括显示程序启动画面、显示服务器音乐资源信息、在线播放音乐。客户端主要描述分为启动界面和主界面两个模块。

- 启动界面：显示程序启动动画。
- 主界面：显示服务器音乐资源信息及在线播放音乐。

客户端文件结构如图1-8所示，源文件共有5个包。

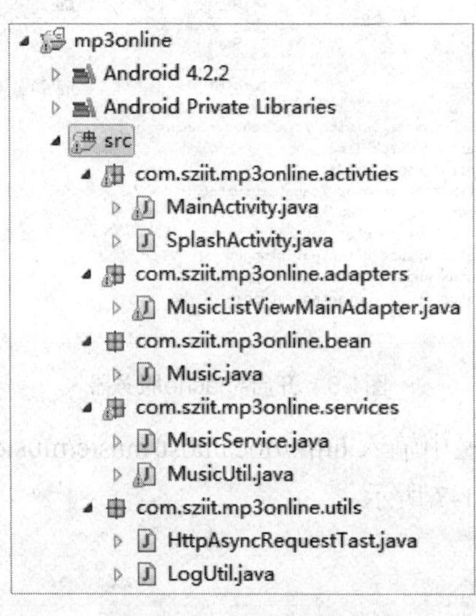

图1-8　客户端文件结构

1.2.2　客户端开发

1. 启动界面模块开发

1）新建工程

在ADT中新建一个Android工程，应用程序名为mp3online，包名为com.sziit.mp3online，如图1-9所示。单击Next按钮，在所有页面选默认选项，在最后的页面单击Finish按钮。

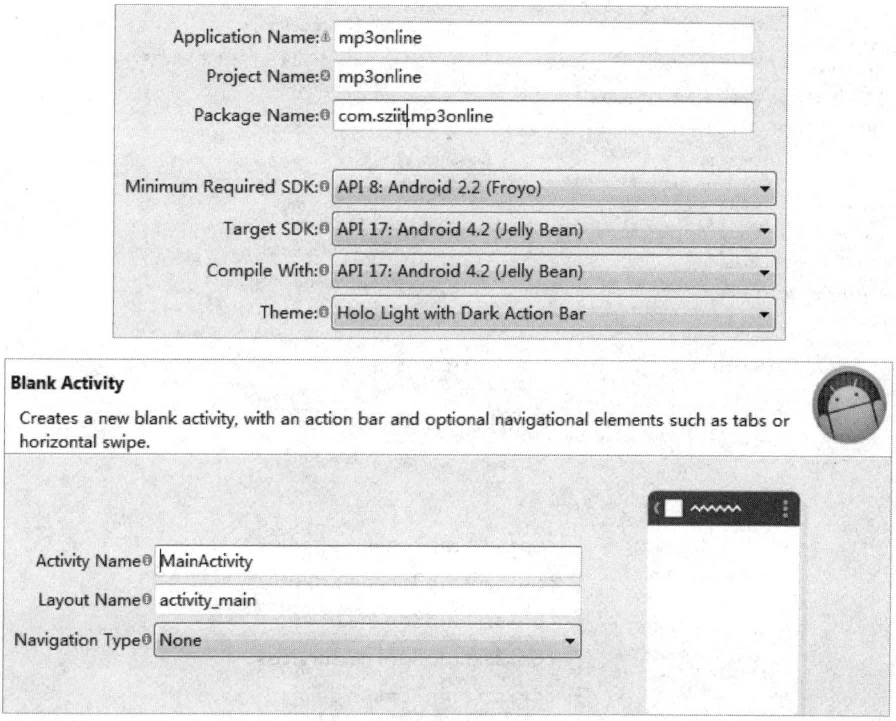

Application Name:
mp3online
Project Name:
mp3online
Package Name:
com.sziit.mp3online
Minimum Required SDK:
API 8: Android 2.2 (Froyo)
Target SDK:
API 17: Android 4.2 (Jelly Bean)
Compile With:
API 17: Android 4.2 (Jelly Bean)
Theme:
Holo Light with Dark Action Bar
Blank Activity
Creates a new blank activity, with an action bar and optional navigational elements such as tabs or horizontal swipe.
Activity Name
MainActivity
Layout Name
activity_main
Navigation Type
None

图1-9　新建一个Android工程

工程创建成功后，在包资源管理器中会出现一个 mp3online 工程，有一个默认的包 com.sziit.mp3online.activities，如图 1-10 所示。

mp3online
Android 4.2.2
Android Private Libraries
src
com.sziit.mp3online.activties
gen [Generated Java Files]
assets
bin
libs
res
AndroidManifest.xml
ic_launcher-web.png
proguard-project.txt
project.properties

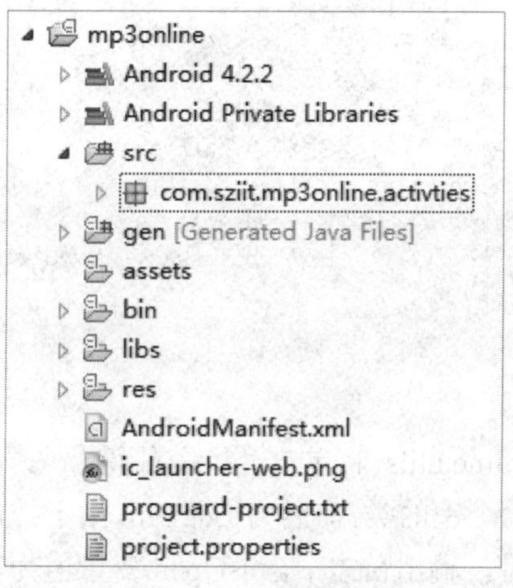

图1-10　包资源管理器

如图 1-11 所示，在 src 上单击鼠标右键，在弹出的快捷菜单中选择 New→Package 命令，建立如图 1-12 所示的 adapters、bean、services 和 utils 几个包。

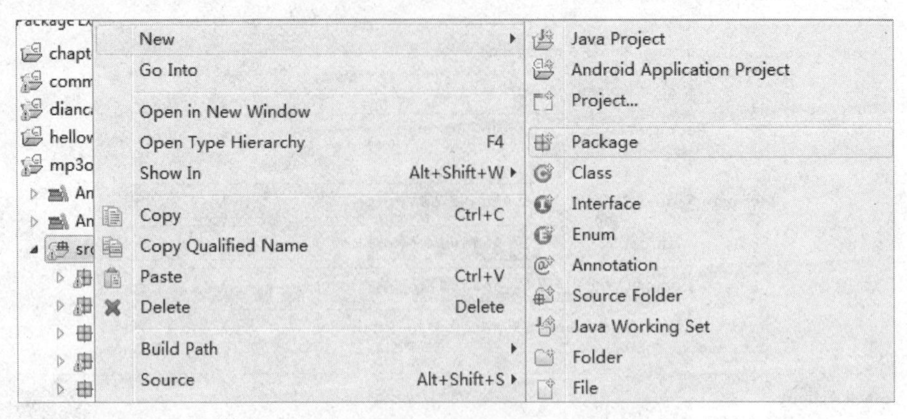

图1-11 新建包

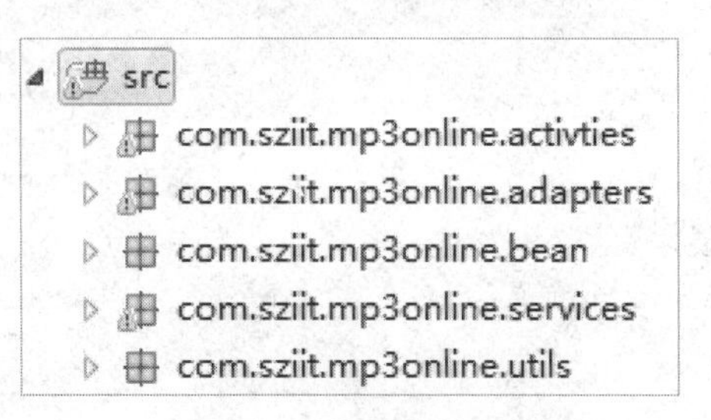

图1-12 源程序所有的包

再编辑 res\values\strings.xml，方便字符串资源的整理，代码如下。

```
.\mp3online\res\values\strings.xml

<?xml version="1.0" encoding="utf-8"?>
<resources>

    <string name="app_name">在线音乐播放器</string>
    <string name="action_settings">Settings</string>
    <string name="hello_world">Hello world!</string>
    <string name="title_activity_splash">SplashActivity</string>

</resources>
```

2）日志控制类编写

在包 com.sziit.mp3online.utils 上单击鼠标右键，在弹出的快捷菜单中选择 New → Class 命令，建立一个空的类，命名为 LogUtil，用于控制日志的输出（代码如下）。当 isOpen 变量值为 true 时，输出日志；当 isOpen 变量值为 false 时，不输出日志。

```
.\mp3online\src\com.sziit.mp3online.utils\LogUtil.java

package com.sziit.mp3online.utils;

import android.content.Context;
import android.util.Log;
```

```
import android.widget.Toast;

public class LogUtil {

    private static final String tag = "myLog";

    private static final boolean isOpen = true;

    /**
     * 打印日志
     * @param log
     */
    public static void log(String log){
        if(isOpen){
            Log.d(tag, log);
        }
    }

    /**
     * 显示Toast
     * @param context
     * @param message
     */
    public static void toast(Context context, String message){
        Toast.makeText(context, message, Toast.LENGTH_SHORT).show();
    }

}
```

3）创建启动画面视图

（1）用鼠标右键单击包 com.sziit.mp3online.activities，在弹出的快捷菜单中选择 New → Other 命令。

（2）弹出选择框，选择 Android → Android Activity → Blank Activity → Next 操作路径。

（3）为相应的类文件与布局文件命名，如图 1-13 所示。

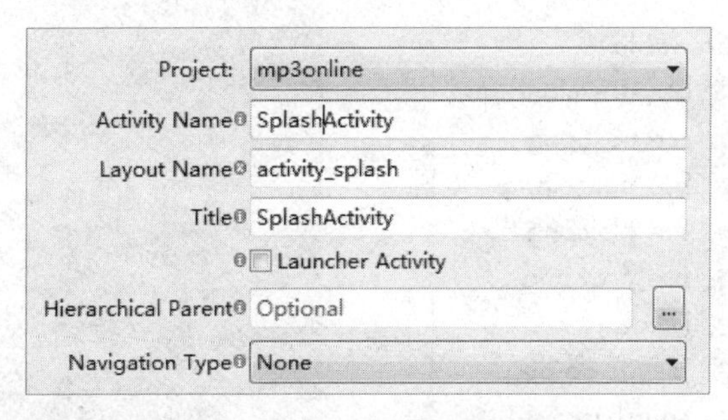

图1-13　为类文件与布局文件命名

4）启动画面布局设计

在 res 下新建一个文件夹 drawable，将本书的相应资源文件复制到该文件夹中，如图 1-14 所示。

编辑 activity_splash.xml，实现如图 1-15 所示的启动画面，代码如下。

```
.\mp3online\res\layout\activity_splash.xml

<RelativeLayout xmlns:android="http://schemas.android.com/apk/res/android"
    xmlns:tools="http://schemas.android.com/tools"
    android:layout_width="match_parent"
    android:layout_height="match_parent"
    android:paddingBottom="@dimen/activity_vertical_margin"
    android:paddingLeft="@dimen/activity_horizontal_margin"
    android:paddingRight="@dimen/activity_horizontal_margin"
    android:paddingTop="@dimen/activity_vertical_margin"
    tools:context=".SplashActivity"
    android:background="@drawable/splash">

    <TextView
        android:id="@+id/textView1"
        android:layout_width="wrap_content"
        android:layout_height="wrap_content"
        android:layout_centerHorizontal="true"
        android:layout_centerVertical="true"
        android:text="在线音乐播放器"
        android:textColor="#555555"
        android:textSize="30dp" />

</RelativeLayout>
```

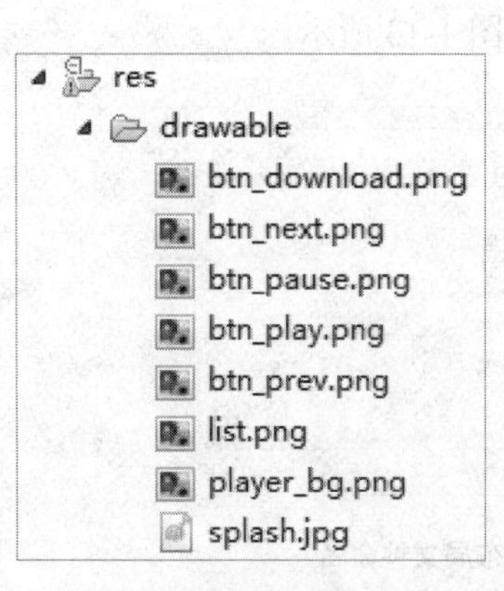

图1-14 复制资源文件

图1-15 播放器启动画面

5）程序启动动画设计

编辑 SplashActivity.java，实现在 1500 毫秒的屏闪后跳转到播放器主界面，代码如下。

.\mp3online\src\com.sziit.mp3online.activities\SplashActivity.java

```
package com.sziit.mp3online.activties;

import com.sziit.mp3online.R;

import android.os.Bundle;
import android.os.Handler;
import android.app.Activity;
import android.content.Intent;

/**
 * 闪屏
 * 一般显示1-3秒
 */
public class SplashActivity extends Activity {

    @Override
    protected void onCreate(Bundle savedInstanceState) {
        super.onCreate(savedInstanceState);
        setContentView(R.layout.activity_splash);

        //延迟1500毫秒后跳转
        new Handler().postDelayed(new Runnable() {
            @Override
            public void run() {
                //跳转至工作界面
                Intent intent = new Intent(SplashActivity.this, MainActivity.class);
                startActivity(intent);
                //结束当前Activity的生命周期
                SplashActivity.this.finish();
            }
        }, 1500);

    }
}
```

6）设置 SplashActivity 为程序启动视图

编辑 AndroidManifest.xml，取消 MainActivity 启动，设置 SplashActivity 为程序启动视图且全屏显示，代码如下。

.\mp3online\AndroidManifest.xml

```
        <activity
         android:name="com.sziit.mp3online.activties.SplashActivity"
         android:screenOrientation="portrait"
         android:theme="@android:style/Theme.Black.NoTitleBar.Fullscreen" >
         <!-- 去掉标题栏，且全屏显示（去掉任务栏） -->
         <intent-filter>
             <!-- 作为第一个启动的activtiy -->
             <action android:name="android.intent.action.MAIN" />
             <category android:name="android.intent.category.LAUNCHER" />
```

```
        </intent-filter>
    </activity>
    <activity
        android:name="com.sziit.mp3online.activties.MainActivity"
        android:label="@string/app_name"
        android:theme="@android:style/Theme.Black.NoTitleBar" >
    </activity>
```

2．主界面模块开发

1）主界面布局设计

编辑activity_main.xml（代码如下），实现主界面布局使用ListView控件实现歌曲信息的显示，如图1-16所示。该布局设计较为复杂，采用了线性布局的多层嵌套，如图1-17所示。权重设置方法android:layout_weight="1"在多处出现，目的是使相应控件的宽（对应水平线性布局）或高（对应垂直线性布局）尽可能地充满整个布局空间。

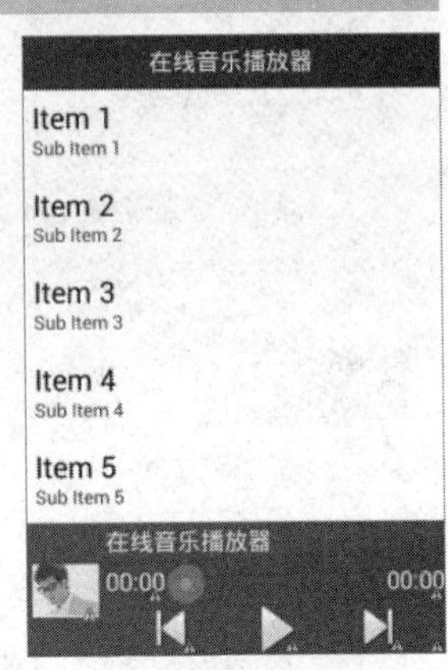

图1-16　播放器主界面布局

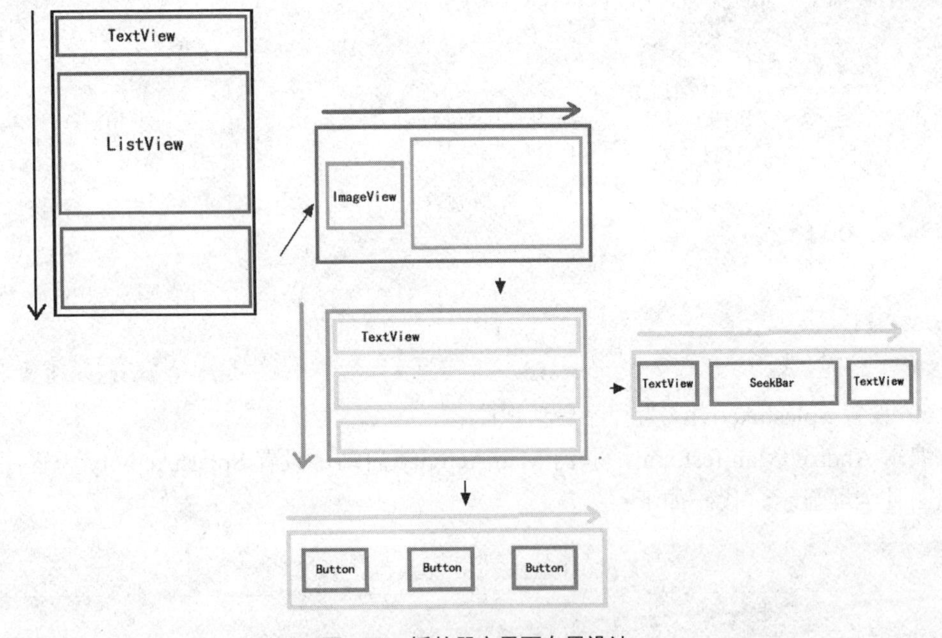

图1-17　播放器主界面布局设计

.\mp3online\res\layout\activity_main.xml

```
<LinearLayout xmlns:android="http://schemas.android.com/apk/res/android"
    xmlns:tools="http://schemas.android.com/tools"
    android:layout_width="match_parent"
    android:layout_height="match_parent"
```

```
    android:orientation="vertical"
    tools:context=".MainActivity" >

    <!-- 标题栏 -->
    <RelativeLayout
        android:layout_width="match_parent"
        android:layout_height="40dp"
        android:background="#333" >

        <!-- 标题栏文字 -->
        <TextView
            android:id="@+id/textViewTitle"
            android:layout_width="wrap_content"
            android:layout_height="wrap_content"
            android:layout_centerHorizontal="true"
            android:layout_centerVertical="true"
            android:text="@string/app_name"
            android:textColor="#EEE"
            android:textSize="18sp" />
    </RelativeLayout>

    <!-- 音乐列表 -->
    <ListView
        android:id="@+id/listv_main_music_list"
        android:layout_width="match_parent"
        android:layout_height="wrap_content"
        android:layout_weight="1" >
    </ListView>

    <!-- 控制器 -->
    <LinearLayout
        android:layout_width="match_parent"
        android:layout_height="100dp"
        android:layout_weight="0"
        android:background="#555"
        android:orientation="horizontal" >

        <!-- 封面图 -->
        <ImageView
            android:id="@+id/imgv_main_music_cover"
            android:layout_width="50dp"
            android:layout_height="50dp"
            android:layout_marginBottom="25dp"
            android:layout_marginLeft="5dp"
            android:layout_marginRight="5dp"
            android:layout_marginTop="25dp"
            android:onClick="gotoPlayer"
            android:src="@drawable/player_bg" />

        <!-- 封面右边的区域 -->
        <LinearLayout
            android:layout_width="0dp"
            android:layout_height="match_parent"
```

```
android:layout_weight="1"
android:background="#555"
android:orientation="vertical" >

<!-- 音乐名称 -->
<TextView
    android:id="@+id/txtv_main_music_title"
    android:layout_width="wrap_content"
    android:layout_height="30dp"
    android:text="@string/app_name"
    android:textColor="#EEE"
    android:gravity="center_vertical"
    android:textSize="18sp" />

<!-- 播放进度 -->
<LinearLayout
    android:layout_width="match_parent"
    android:layout_height="30dp"
    android:gravity="center_horizontal">

    <!-- 当前播放进度 -->
    <TextView
        android:id="@+id/txtv_main_curr_time"
        android:layout_width="wrap_content"
        android:layout_height="match_parent"
        android:text="00:00"
        android:textColor="#EEE"
        android:gravity="center_vertical"
        android:textSize="18sp" />

    <!-- 进度条 -->
    <SeekBar
        android:id="@+id/skb_main"
        android:layout_width="0dp"
        android:layout_height="wrap_content"
        android:layout_weight="1" />

    <!-- 总的播放时长 -->
    <TextView
        android:id="@+id/txtv_main_total_time"
        android:layout_width="wrap_content"
        android:layout_height="match_parent"
        android:text="00:00"
        android:gravity="center_vertical"
        android:textColor="#EEE"
        android:textSize="18sp" />
</LinearLayout>

<!-- 播放控制 -->
<RelativeLayout
    android:layout_width="match_parent"
    android:layout_height="40dp"
    android:orientation="horizontal"
```

```
            android:gravity="center_vertical">

            <ImageButton
                android:id="@+id/imgbtn_main_prev"
                android:layout_width="wrap_content"
                android:layout_height="wrap_content"
                android:layout_alignParentLeft="true"
                android:layout_marginLeft="30dp"
                android:background="@drawable/btn_prev" />

            <ImageButton
                android:id="@+id/imgbtn_main_play"
                android:layout_width="wrap_content"
                android:layout_height="wrap_content"
                android:layout_centerHorizontal="true"
                android:background="@drawable/btn_play" />

            <ImageButton
                android:id="@+id/imgbtn_main_next"
                android:layout_width="wrap_content"
                android:layout_height="wrap_content"
                android:layout_alignParentRight="true"
                android:layout_marginRight="30dp"
                android:background="@drawable/btn_next" />
        </RelativeLayout>
    </LinearLayout>
</LinearLayout>

</LinearLayout>
```

新建布局文件 list_item.xml，为 activity_main.xml 中的 ListView 控件编写布局，使用 TextView 控件实现歌手名与歌曲名的显示，使用 weight 参数调整 TextView 控件宽度，歌手名占每行的 3/10，歌曲名占每行的 7/10（代码如下），实现效果如图 1-18 所示。

```
.\mp3online\res\layout\list_item.xml

<?xml version="1.0" encoding="utf-8"?>

<!-- 这个视图就是列表中的一条的视图布局文件 -->
<LinearLayout xmlns:android="http://schemas.android.com/apk/res/android"
    android:layout_width="match_parent"
    android:layout_height="40dp"
    android:gravity="center_vertical"
    android:orientation="horizontal" >

    <TextView
        android:id="@+id/txtv_main_list_item_singer"
        android:layout_width="0dp"
        android:layout_height="wrap_content"
        android:layout_marginLeft="10dp"
        android:layout_weight="3"
        android:text="歌手名称"
```

```
        android:textSize="20dp" />

    <TextView
        android:id="@+id/txtv_main_list_item_title"
        android:layout_width="0dp"
        android:layout_height="wrap_content"
        android:layout_marginLeft="20dp"
        android:layout_weight="7"
        android:text="音乐名称"
        android:textSize="20dp" />

</LinearLayout>
```

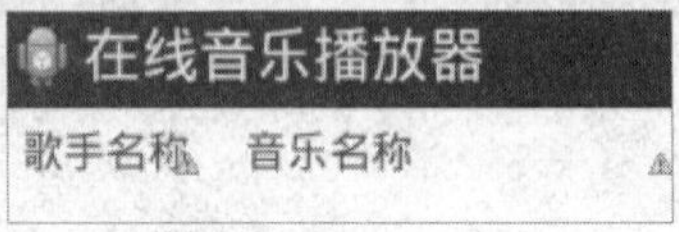

在线音乐播放器

歌手名称　音乐名称

图1-18　ListView布局

2）设计 HTTP 访问功能类

在 com.sziit.mp3online.utils 中新建一个 HttpAsyncRequestTast 类，用于 HTTP 访问。该类继承自异步任务类 AsyncTask，实现 HTTP 访问的后台异步执行。通过参数 HttpUriRequest 获取客户端请求的 URL，并返回服务器相应参数。代码如下。

```
.\mp3online\src\com.sziit.mp3online.utils\HttpAsyncRequestTast.java

package com.sziit.mp3online.utils;

import java.io.IOException;
import org.apache.http.HttpResponse;
import org.apache.http.client.ClientProtocolException;
import org.apache.http.client.HttpClient;
import org.apache.http.client.methods.HttpUriRequest;
import org.apache.http.impl.client.DefaultHttpClient;
import org.apache.http.util.EntityUtils;
import android.os.AsyncTask;

/**
 * <b>异步任务实现类</b>
 * <p>
 *     <ol>
 *         <li>网络请求，如加载数据、下载图片、下载音视频</li>
 *         <li>一些复杂的耗时的工作</li>
 *     </ol>
 * </p>
 * @author lenovo
 */
public abstract class HttpAsyncRequestTast extends AsyncTask<HttpUriRequest, Integer,
String> {

    @Override
    protected String doInBackground(HttpUriRequest... arg0) {
```

```
        LogUtil.log("------------任务开始了，进入后台执行任务------------");
        //真正执行异步任务的方，不可以在此方法修改UI
        //如果是作网络请求，那么读取数据的地方也应该在这里

        HttpUriRequest request = arg0[0];

        //HttpGet、HttpPost都继承自HttpUriRequest

        String result = null;

        //Apache提供的一个HTTP客户端
        HttpClient client = new DefaultHttpClient();
        try {
            //通过HTTP客户端执行一个请求，它可以执行get和post请求
            HttpResponse response = client.execute(request);

            //EntityUtils用于帮助处理HttpResponse通过getEntity获得数据的类
            result = EntityUtils.toString(response.getEntity(), "UTF-8");
        } catch (ClientProtocolException e1) {
            e1.printStackTrace();
        } catch (IOException e1) {
            e1.printStackTrace();
        }

        //doInBackground()执行成功后，将从服务器获取到的数据result作为返回值返回，接着
会调用onPostExecute(),result将成为onPostExecute()的输入参数
        return result;
    }

    @Override
    protected void onCancelled() {
        //当取消异步任务时调用，此处也可以更新UI
        LogUtil.log("------------任务被取消了------------");
        super.onCancelled();
    }

    @Override
    protected void onPostExecute(String result) {
        //当任务执行完成后回调，此方法内部可以修改UI
        LogUtil.log("------------任务完成了------------");
        super.onPostExecute(result);
        onComplete(result);//调用自己写的一个抽象方法
    }

    @Override
    protected void onProgressUpdate(Integer... values) {
        //当执行的进度发生变化时回调，这里也可以去更新UI
        LogUtil.log("------------任务完成了%"+values[0]+"------------");
        super.onProgressUpdate(values);
    }

    /**
     * 当成功时     */
```

```
    public abstract void onComplete(String result);

}
```

3）设计音乐信息封装类

在com.sziit.mp3online.bean中创建一个类Music，用于封装音乐数据信息。为该类定义属性title、path、singer，分别存放音乐的歌曲名、音乐文件在服务器的存放路径、歌手名。定义属性后，在代码空白处单击鼠标右键，在弹出的快捷菜单中选择Source → Generate Getters and Setters命令，为所有的属性添加get与set方法。代码如下。

.\mp3online\src\com.sziit.mp3online.bean\Music.java

```
package com.sziit.mp3online.bean;

/**
 * 音乐实体
 *
 */
public class Music {

    private String title;//标题

    private String path;//路径

    private String singer;//歌手

    /**
     * @return the title
     */
    public String getTitle() {
        return title;
    }

    /**
     * @param title the title to set
     */
    public void setTitle(String title) {
        this.title = title;
    }

    /**
     * @return the path
     */
    public String getPath() {
        return path;
    }

    /**
     * @param path the path to set
     */
    public void setPath(String path) {
```

```
        this.path = path;
    }

    /**
     * @return the singer
     */
    public String getSinger() {
        return singer;
    }

    /**
     * @param singer the singer to set
     */
    public void setSinger(String singer) {
        this.singer = singer;
    }

}
```

4）设计音乐列表显示适配器

在 com.sziit.mp3online.adapters 中新建一个 MusicListViewMainAdapter 类，作为主界面 ListView 适配器。主界面视图将封装好的音乐信息发送给该适配器，该适配器实现音乐列表的显示。代码如下。

.\mp3online\src\com.sziit.mp3online.adapters\MusicListViewMainAdapter.java

```
package com.sziit.mp3online.adapters;

import java.util.List;
import com.sziit.mp3online.R;
import com.sziit.mp3online.bean.Music;
import android.content.Context;
import android.view.LayoutInflater;
import android.view.View;
import android.view.ViewGroup;
import android.widget.BaseAdapter;
import android.widget.TextView;

/**
 * 首页音乐列表Adapter
 * @author lenovo
 */
public class MusicListViewMainAdapter extends BaseAdapter {

    private List<Music> mData;

    private Context mContext;

    private LayoutInflater mInflater;//用于读取layout布局文件

    /**
     * MusicListViewMainAdapter的构造方法，在实例化时会要求传入音乐列表及当前的上下文
```

```
     * @param musics
     * @param context
     */
    public MusicListViewMainAdapter(List<Music> musics, Context context) {
        this.mData = musics;
        this.mContext = context;
        mInflater = LayoutInflater.from(context);//通过上下文实例化一个布局读取类
    }

    @Override
    public int getCount() {
        //返回数据条数，以确定你的ListView的长度
        return mData == null ? 0 : mData.size();
    }

    @Override
    public Object getItem(int location) {
        //返回指定项的数据，一般在单击时获取数据用
        return mData == null ? null : mData.get(location);
    }

    @Override
    public long getItemId(int location) {
        //返回指定项的ID
        return location;
    }

    class Holder{//为了打包视图上的几个控件而使用
        TextView singer;
        TextView title;
    }

    @Override
    public View getView(int position, View coverView, ViewGroup parent) {

        Holder holder;
        if(coverView==null){
            //第一次调用getView时，coverView是空的，因此我们需要去读取布局文件
            coverView = mInflater.inflate(R.layout.list_item, null);

            //将布局视图封装到对象中，方便存储
            holder = new Holder();
            holder.singer = (TextView) coverView.findViewById(R.id.txtv_main_list_item_singer);
            holder.title = (TextView) coverView.findViewById(R.id.txtv_main_list_item_title);

            //将视图存储起来，用于重复使用
            coverView.setTag(holder);
        }else{
            //从第二次调用getView开始，coverView不再为空，且其Tag值还附带了一个视图模板
            holder = (Holder) coverView.getTag();
        }

        //给视图上的元素设置数据
```

```
        holder.title.setText(mData.get(position).getTitle());
        holder.singer.setText(mData.get(position).getSinger());


        //返回这个视图后，系统就会将这个视图绘制到ListView上
        return coverView;
    }

}
```

5）添加 Internet 访问权限

编辑 AndroidManifest.xml，为在线音乐播放器添加互联网访问权限，代码如下。

```
.\mp3online\AndroidManifest.xml

<uses-permission android:name="android.permission.INTERNET" />
```

6）设计音乐播放服务类

在包 com.sziit.mp3online.services 里添加一个 MusicService 类，用于实现在后台播放音乐的服务。该类主要实现的功能包括：

- 定义一个全局静态变量 KEY_COMMAND，用于接收主视图 MainActivity 发送的不同指令，包括播放、暂停、上一曲、下一曲等。
- 定义一组全局静态变量，用于记录音乐播放信息，包括音乐名、歌手名等。
- 定义一个全局静态变量 CAST_ACTION_UPDATE，用于为播放进度条广播命名。
- 根据主视图 MainActivity 发送的不同指令，调用 MusicUtil 类中的不同方法，实现音乐播放器的控制。

代码如下。

```
.\mp3online\src\com.sziit.mp3online.services\MusicService.java

package com.sziit.mp3online.services;

import java.util.List;

import android.app.Service;
import android.content.Context;
import android.content.Intent;
import android.os.IBinder;

/**
 * 专门用于播放音乐的类
 */
public class MusicService extends Service {

    //指令
    public static final String KEY_COMMAND = "k_command";
    //音乐名称
    public static final String KEY_MUSIC_NAME = "k_music_name";
```

```
    //音乐路径
    public static final String KEY_MUSCI_PATH = "k_music_path";
    //播放位置
    public static final String KEY_MUSIC_INDEX = "k_music_index";
    //音乐列表
    public static final String KEY_MUSIC_LIST = "k_music_list";

    //总播放时长
    public static final String MUSIC_TIME_TOTAL = "music_time_total";
    //当前播放进度
    public static final String MUSIC_TIME_CURR = "music_time_curr";

    //播放进度更新的广播
    public static final String CAST_ACTION_UPDATE = "com.sziit.mp3online.MUSIC_TIME_UPDATE";

    public static final int CMD_INIT = 1000;//初始化
    public static final int CMD_PLAY = 1001;//播放
    public static final int CMD_PAUSE = 1002;//暂停
    public static final int CMD_NEXT = 1003;//下一曲
    public static final int CMD_PREV = 1004;//上一曲
    public static final int CMD_STOP = 1005;//停止
    public static final int CMD_RESUME = 1006;//从暂停状态恢复

    private MusicUtil mMusicUtil;

    private Context mContext;

    @Override
    public IBinder onBind(Intent arg0) {
        return null;
    }

    @Override
    public void onCreate() {
        super.onCreate();
        mContext = this;
    }

    @Override
    public int onStartCommand(Intent intent, int flags, int startId) {

        //从intent中获取指令
        int command = intent.getIntExtra(KEY_COMMAND, -1);

        //根据不同的指令，调用不同的方法
        switch (command) {
        case CMD_INIT:
            List<String> musicList = intent.getStringArrayListExtra(KEY_MUSIC_LIST);
            mMusicUtil = new MusicUtil(mContext, musicList);
            break;
        case CMD_PLAY:
            int index = intent.getIntExtra(KEY_MUSIC_INDEX, 0);
            mMusicUtil.play(index);
```

```
                break;
            case CMD_PAUSE:
                mMusicUtil.pause();
                break;
            case CMD_RESUME:
                mMusicUtil.play();
                break;
            case CMD_NEXT:
                mMusicUtil.next();
                break;
            case CMD_PREV:
                mMusicUtil.prev();
                break;
            case CMD_STOP:
                mMusicUtil.stop();
                break;

            default:
                break;
            }

            return super.onStartCommand(intent, flags, startId);
        }

    }
```

7）注册音乐播放服务

编辑 AndroidManifest.xml，注册音乐播放服务 MusicService，代码如下。

```
.\mp3online\AndroidManifest.xml
<service android:name="com.sziit.mp3online.services.MusicService" >
</service>
```

8）设计音乐播放功能类

在包 com.sziit.mp3online.services 里添加一个 MusicUtil 类，用于实现对音乐播放器的具体操作。该类主要实现的功能包括：

- 根据 MusicService 传递的不同指令，调用 Android 系统提供的 MediaPlayer 类，实现音乐的播放、暂停、上一曲、下一曲等操作。
- 在音乐开始播放后，监听音乐播放的进度，将进度信息作为广播 CAST_ACTION_UPDATE 发送，从而实现主界面中的进度条功能。

代码如下。

```
.\mp3online\src\com.sziit.mp3online.services\MusicUtil.java
package com.sziit.mp3online.services;

import java.io.IOException;
import java.util.List;
```

```
import android.annotation.SuppressLint;
import android.content.Context;
import android.content.Intent;
import android.media.MediaPlayer;
import android.media.MediaPlayer.OnCompletionListener;
import android.net.Uri;
import android.os.Handler;
import android.os.Message;

/**
 * 这是一个专门用于处理播放、暂停等操作的类
 * @author lenovo
 */
public class MusicUtil {

    private List<String> musics = null;

    private MediaPlayer mPlayer;//系统提供的播放器

    private Context mContext;

    public static int index = 0;

    public boolean isPlaying = false;//用于记录播放状态

    @SuppressLint("HandlerLeak")
    Handler handler = new Handler(){

        @Override
        public void handleMessage(Message msg) {
            super.handleMessage(msg);

            Intent intent = new Intent(MusicService.CAST_ACTION_UPDATE);
            intent.putExtra(MusicService.KEY_MUSIC_INDEX, index);
            intent.putExtra(MusicService.MUSIC_TIME_CURR, mPlayer.getCurrentPosition());
            intent.putExtra(MusicService.MUSIC_TIME_TOTAL, mPlayer.getDuration());

            //发送一条广播，通过前台界面更新播放状态
            mContext.sendBroadcast(intent);

            //handler自己给自己发消息，以达到每500毫秒发送一次的效果
            handler.sendEmptyMessageDelayed(1, 500);
        }
    };

    /**
     * 构造方法
     * @param context 当前service的上下文
     * @param musics 音乐列表
     */
    public MusicUtil(Context context, List<String> musics) {
        mPlayer = new MediaPlayer();
        this.musics = musics;
```

```
        this.mContext = context;

        //设置当播放完成后的监听事件
        mPlayer.setOnCompletionListener(new OnCompletionListener() {
            @Override
            public void onCompletion(MediaPlayer arg0) {
                next();//当播放完成后自动调用下一曲
            }
        });

    }

    /**
     * 从暂停状态恢复播放
     */
    public void play() {
        //mPlayer.isPlaying();
        mPlayer.start();
        isPlaying = true;

        handler.sendEmptyMessage(1);
    }

    /**
     * 播放指定位置的音乐
     * @param index
     */
    @SuppressLint("SdCardPath")
    public void play(int index){

        MusicUtil.index = index;

        if(musics!=null){

            String music = musics.get(MusicUtil.index);

            try {
                mPlayer.reset();

                //从网络读取文件
                mPlayer.setDataSource(mContext, Uri.parse(music));
                mPlayer.prepare();
                mPlayer.start();

                isPlaying = true;

                //发送一个消息，让handle去发送广告
                handler.sendEmptyMessage(0);

            } catch (IllegalArgumentException e) {
                e.printStackTrace();
            } catch (SecurityException e) {
                e.printStackTrace();
```

```
            } catch (IllegalStateException e) {
                e.printStackTrace();
            } catch (IOException e) {
                e.printStackTrace();
            }

        }

    }

    /**
     * 停止方法
     */
    public void stop(){
        if(mPlayer!=null){
            mPlayer.stop();
            isPlaying = false;
        }
    }

    /**
     * 暂停方法
     */
    public void pause(){
        if(mPlayer!=null){
            mPlayer.pause();
            isPlaying = false;
        }
    }

    /**
     * 下一曲
     */
    public void next(){
        if(musics!=null){
            if(index==musics.size()-1){
                index = 0;
            }else{
                ++index;
            }
            play(index);
        }
    }

    /**
     * 上一曲
     */
    public void prev(){
        if(musics!=null){
            if(index==0){
                index = musics.size()-1;
            }else{
                --index;
```

```
            }
            play(index);
        }
    }
}
```

9）设计主界面视图类

编辑 MainActivity.java，最终实现在线音乐播放器。该类主要实现的功能包括：

- 定义一个全局静态变量 public static final String HTTP_ROOT ="http://192.168.253.3/"，用于记录服务器根目录。注意，请根据自己的计算机查看 IP 地址。查看方法为按 WIN+R 组合键，在弹出的对话框中输入 cmd，如图 1-19 所示；然后在 DOS 界面输入 IPconfig，字符串 IPv4 后面的就是本机的 IP 地址，如图 1-20 所示。

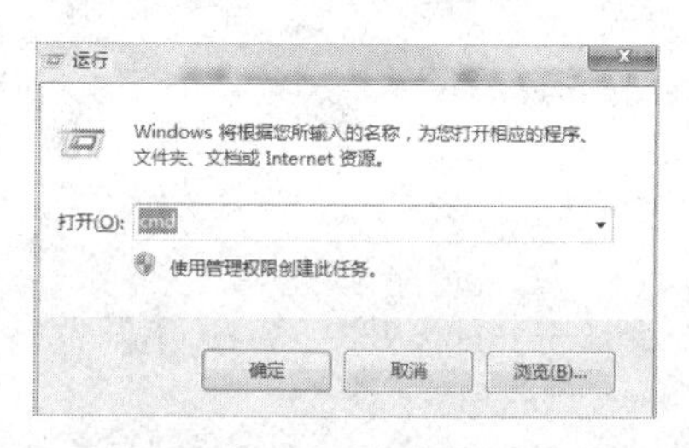

图1-19　运行cmd命令

```
Microsoft Windows [版本 6.1.7601]
版权所有 (c) 2009 Microsoft Corporation。保留所有权利。

C:\Users\Administrator>ipconfig

Windows IP 配置

无线局域网适配器 无线网络连接:

   连接特定的 DNS 后缀 . . . . . . . : workgroup
   本地链接 IPv6 地址. . . . . . . . : fe80::3112:72fd:cd9c:ed31%14
   IPv4 地址 . . . . . . . . . . . . : 192.168.253.3
   子网掩码 . . . . . . . . . . . . : 255.255.255.0
   默认网关. . . . . . . . . . . . . : 192.168.253.1
```

图1-20　显示本机IP地址

- 将音乐信息使用 Music 类封装后，发送给 MusicListViewMainAdapter，实现音乐列表显示。
- 根据用户单击的不同按钮，向 MusicService 发送不同指令，根据用户选择的音乐列表位置，向 MusicService 发送位置信息，实现音乐播放。
- 设计一个广播接收内部类 MusicReceiver，以 CAST_ACTION_UPDATE 注册广播接收器，接收 MusciUtil 发送的进度条状态广播，实现进度条更新。
- 定义一个格式化函数，将毫秒转换为常用的时间格式，实现进度条时间信息的格式化显示。

代码如下。

```
.\mp3online\src\com.sziit.mp3online.activities\MainActivity.java
package com.sziit.mp3online.activties;
```

```
import java.text.DecimalFormat;
import java.util.ArrayList;
import java.util.List;
import org.apache.http.client.methods.HttpGet;
import org.json.JSONArray;
import org.json.JSONObject;
import android.app.Activity;
import android.content.BroadcastReceiver;
import android.content.Context;
import android.content.Intent;
import android.content.IntentFilter;
import android.os.Bundle;
import android.view.View;
import android.widget.AdapterView;
import android.widget.AdapterView.OnItemClickListener;
import android.widget.ImageButton;
import android.widget.ListAdapter;
import android.widget.ListView;
import android.widget.SeekBar;
import android.widget.TextView;
import com.sziit.mp3online.R;
import com.sziit.mp3online.adapters.MusicListViewMainAdapter;
import com.sziit.mp3online.bean.Music;
import com.sziit.mp3online.services.MusicService;
import com.sziit.mp3online.utils.HttpAsyncRequestTast;
import com.sziit.mp3online.utils.LogUtil;

public class MainActivity extends Activity {

    //服务端根目录
    public static final String HTTP_ROOT = "http://192.168.253.3/";

    //定义一组界面控件变量
    private ListView mListView;
    private SeekBar mSeekBar;
    private TextView mTextViewCurr;
    private TextView mTextViewTotal;
    private TextView mTextViewMusicName;

    private ImageButton mImgbtnNext;
    private ImageButton mImgbtnPrev;
    private ImageButton mImgbtnPlay;

    private Context mContext;

    private MusicReceiver mMusicReceiver;
    private int musicIndex = -1;
    public static List<Music> mMusics;

    //一个记录播放状态的全局变量
    public static boolean isPlaying = false;

    @Override
```

```
    protected void onCreate(Bundle savedInstanceState) {
        super.onCreate(savedInstanceState);

        //给activity设置布局文件或视图
        setContentView(R.layout.activity_main);

        //当前的上下文，因为非常常用，所以我们一般要提出来作为全局变量
        mContext = this;

        //从视图文件中读取出各个控件，以供后续使用
        mListView = (ListView) findViewById(R.id.listv_main_music_list);
        mSeekBar = (SeekBar) findViewById(R.id.skb_main);
        mSeekBar.setMax(-999);

        mTextViewCurr = (TextView) findViewById(R.id.txtv_main_curr_time);
        mTextViewTotal = (TextView) findViewById(R.id.txtv_main_total_time);
        mTextViewMusicName = (TextView) findViewById(R.id.txtv_main_music_title);

        mImgbtnNext = (ImageButton) findViewById(R.id.imgbtn_main_next);
        mImgbtnPrev = (ImageButton) findViewById(R.id.imgbtn_main_prev);
        mImgbtnPlay = (ImageButton) findViewById(R.id.imgbtn_main_play);


        //给各个按钮设置单击事件的监听
        ImgbtnClickListener listener = new ImgbtnClickListener();
        mImgbtnNext.setOnClickListener(listener);
        mImgbtnPrev.setOnClickListener(listener);
        mImgbtnPlay.setOnClickListener(listener);

        //注册音乐播放状态更新的广播接收器
        //特别说明：通过动态注册的方式注册的广播接收器，在程序退出前，必须要注销，一般
写在onDestroy中。不注销的话，退出程序时会报错
        mMusicReceiver = new MusicReceiver();
        IntentFilter mMusicReceiverFilter = new IntentFilter(
                MusicService.CAST_ACTION_UPDATE);
        registerReceiver(mMusicReceiver, mMusicReceiverFilter);

        //实例化一个异步数据加载的任务
        HttpAsyncRequestTast jquery = new HttpAsyncRequestTast() {
            @Override
            public void onComplete(String result) {
                //当异步任务执行完成且成功后回调，onComplete是自己定义的一个抽象方法
                try {
                    //从json数据中解析出音乐列表
                    JSONArray array = new JSONArray(result);
                    mMusics = new ArrayList<Music>();
                    Music music;
                    for (int i = 0; i < array.length(); i++) {
                        music = new Music();
                        JSONObject jObject = array.getJSONObject(i);
                        music.setTitle(jObject.getString("name"));
                        music.setPath(jObject.getString("mp3"));
                        music.setSinger(jObject.getString("singer"));
```

```
                    mMusics.add(music);
                }

                //JSON解析完成后，将音乐列表数据mMusics传递给适配器
                  MusicListViewMainAdapter
                ListAdapter adapter = new MusicListViewMainAdapter(mMusics, mContext);
                mListView.setAdapter(adapter);

                //给服务设置播放列表
                Intent intent = new Intent(mContext, MusicService.class);

                //解析播放列表，只获取播放路径
                ArrayList<String> musicList = new ArrayList<String>();
                for (Music music2 : mMusics) {
                    musicList.add(HTTP_ROOT + music2.getPath());
                }

                //设置初始化指令
                intent.putExtra(MusicService.KEY_COMMAND, MusicService.CMD_INIT);

                //传递初始化数据
                intent.putStringArrayListExtra(MusicService.KEY_MUSIC_LIST, musicList);

                //启动服务
                startService(intent);

            } catch (Exception e) {
                LogUtil.toast(mContext, e.getMessage());
            }
        }
    };

    //执行异步数据加载的任务，将请求的URL发送到服务端
    jquery.execute(new HttpGet(HTTP_ROOT + "music/music.json"));

    mListView.setOnItemClickListener(new OnItemClickListener() {
        @Override
        public void onItemClick(AdapterView<?> adapter, View view,
                int position, long id) {

            Intent intent = new Intent(mContext, MusicService.class);
            //设置初始化指令
            intent.putExtra(MusicService.KEY_COMMAND, MusicService.CMD_PLAY);
            //传递播放位置
            intent.putExtra(MusicService.KEY_MUSIC_INDEX, position);
            //启动服务
            startService(intent);

            isPlaying = true;
            //将播放按钮改为暂停
            mImgbtnPlay.setBackgroundResource(R.drawable.btn_pause);
        }
    });
```

```
    }

    @Override
    protected void onRestart() {//为了解决两个播放页面的界面同步的问题
        super.onRestart();
        if(isPlaying==false){
            mImgbtnPlay.setBackgroundResource(R.drawable.btn_play);
        }else{
            mImgbtnPlay.setBackgroundResource(R.drawable.btn_pause);
        }
    }

    @Override
    protected void onDestroy() {
        super.onDestroy();
        unregisterReceiver(mMusicReceiver);//注册广播接收器
    }

    /**
     * 界面上各个按钮的单击事件监听类
     * @author lenovo
     */
    class ImgbtnClickListener implements View.OnClickListener {
        @Override
        public void onClick(View v) {

            //给服务设置播放列表
            Intent intent = new Intent(mContext, MusicService.class);

            switch (v.getId()) {
            case R.id.imgbtn_main_next:
                //设置下一曲指令
                intent.putExtra(MusicService.KEY_COMMAND, MusicService.CMD_NEXT);
                break;
            case R.id.imgbtn_main_prev:
                //设置上一曲指令
                intent.putExtra(MusicService.KEY_COMMAND, MusicService.CMD_PREV);
                break;
            case R.id.imgbtn_main_play:
                if (isPlaying) {
                    //设置暂停
                    intent.putExtra(MusicService.KEY_COMMAND, MusicService.CMD_PAUSE);
                    isPlaying = false;
                    mImgbtnPlay.setBackgroundResource(R.drawable.btn_play);
                } else {
                    //设置播放
                    intent.putExtra(MusicService.KEY_COMMAND, MusicService.CMD_RESUME);
                    isPlaying = true;
                    mImgbtnPlay.setBackgroundResource(R.drawable.btn_pause);
                }
                break;
            default:
                break;
```

```
            }

            //启动服务
            startService(intent);
        }
    }

    /**
     * 播放进度更新时的广播接收器
     * @author lenovo
     *
     */
    class MusicReceiver extends BroadcastReceiver {
        @Override
        public void onReceive(Context context, Intent intent) {

            //从广播中解析出各种数据
            int index = intent.getIntExtra(MusicService.KEY_MUSIC_INDEX, 0);
            int curr = intent.getIntExtra(MusicService.MUSIC_TIME_CURR, 0);
            int total = intent.getIntExtra(MusicService.MUSIC_TIME_TOTAL, 0);

            //如果播放的位置发生变化，说明已经在播放另外一首音乐了，此时需要更新音乐封
面、音乐名称等数据
            if (musicIndex != index) {
                musicIndex = index;
                //设置播放进度条的最大值
                mSeekBar.setMax(total);
                mTextViewTotal.setText(format(total));

                mTextViewMusicName.setText(mMusics.get(musicIndex).getTitle());

                //当开始播放后，将播放按钮图片换成暂停
                mImgbtnPlay.setBackgroundResource(R.drawable.btn_pause);
            }

            //设置播放进度条的当前值
            mSeekBar.setProgress(curr);
            mTextViewCurr.setText(format(curr));
        }
    }

    /**
     * 格式化时间
     *
     * @param time
     * @return
     */
    public static String format(long time) {
        time = time / 1000;
        if (time < 60) {
            return "00:" + formatLong("00", time);
        } else {
            return formatLong("00", time / 60) + ":" + formatLong("00", time % 60);
```

```
        }
    }
    public static String formatLong(String format, long num) {
        return new DecimalFormat(format).format(num);//格式化数字
    }
}
```

1.2.3　测试

代码编写完成后，需用真机在局域网环境中进行测试，以确保项目在真实环境中是可行的。

（1）将手机与计算机接入同一个局域网子网。

（2）开启计算机上的 XAMPP 套件，打开 Apache 服务器。

（3）查看计算机 IP 地址，将 MainAcivity 中的服务器地址设置成该 IP 地址。

（4）使用数据线连接手机与计算机，在 mp3online 项目上单击鼠标右键，在弹出的快捷菜单中选择 Run As → Android Application 命令，在弹出的对话框中选择测试用手机，即可将 Android 项目发布到手机上。

（5）如果项目在手机上可正常开启，并在主视图中正常显示了服务器上所有歌曲的信息，则表示客户端与服务端通信成功。主界面最终显示效果如图 1-21 所示，服务端 JSON 文件中的文本信息显示在客户端的 ListView 控件中。

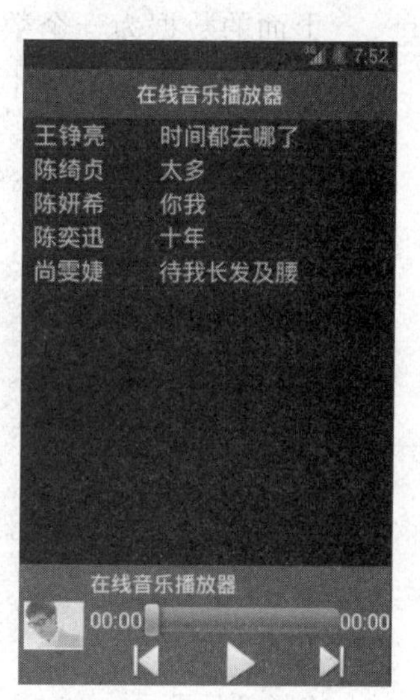

图1-21　运行效果

相关知识点与课后题

1. 知识点

1）JSON 对象的解析

JSON 对象的格式通常为 {"name":" 时间都去哪了 ","singer":" 王铮亮 ","mp3": "music/101.mp3"}。

以大括号“{}”为标志的 JSON 参数是无序的对象，客户端的相应解析较为简单，设服务端返回的数据为封装好的 JSON 数据 jsonData，下面的代码可以获取服务端返回的键名为“singer”的参数的相应键值。

```
JSONObject jsonObject = new JSONObject(jsonData);
singer = jsonObject.getString("singer");
```

2）JSON 数组解析

多个 JSON 对象构成一个 JSON 数组。JSON 数组以方括号“[ ]”为标志，如在线音乐播放器服务端的 JSON 数组。

D:\xampp\htdocs\music\music.json

```
[{"name":"时间都去哪了","singer":"王铮亮","mp3":"music/101.mp3"},
{"name":"太多","singer":"陈绮贞","mp3":"music/102.mp3"},
{"name":"你我","singer":"陈妍希","mp3":"music/103.mp3"},
{"name":"十年","singer":"陈奕迅","mp3":"music/104.mp3"},
{"name":"待我长发及腰","singer":"尚雯婕","mp3":"music/105.mp3"}]
```

上面的数据为一个数组形式，可以用 Android 提供的框架 JSONArray 读取 JSON 数据，再转换成 Array，代码如下。

.\mp3online\src\com.sziit.mp3online.activities\MainActivity.java

```
JSONArray array = new JSONArray(result);
mMusics = new ArrayList<Music>();
Music music;
for (int i = 0; i < array.length(); i++) {
    music = new Music();
    JSONObject jObject = array.getJSONObject(i);
    music.setTitle(jObject.getString("name"));
    music.setPath(jObject.getString("mp3"));
    music.setSinger(jObject.getString("singer"));
    mMusics.add(music);
}
```

2. 课后题

（1）尝试更新服务器上的音乐资源，使在线音乐播放器播放不同的音乐。

（2）尝试使用 MySQL 数据库存放音乐信息。思考通过 JSON 文件存放音乐信息与通过 MySQL 数据库存放音乐信息的异同。

本项目操作录屏文件

项目二　QQ在线聊天APP

1. 项目需求

本项目我们一起开发一个简单的QQ在线聊天APP，它具有以下功能。

1）注册

如图2-1所示，填写用户名、密码，单击“注册”按钮进行注册。查询数据库，若库中无重复用户名，则注册成功。注册成功后，在数据库中新增一个用户，如图2-2所示。

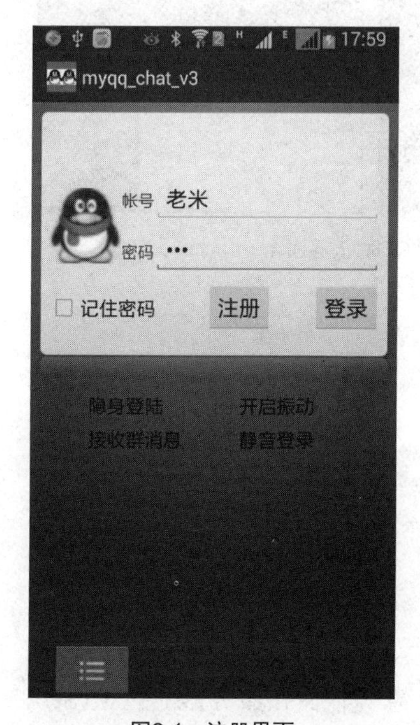

图2-1　注册界面

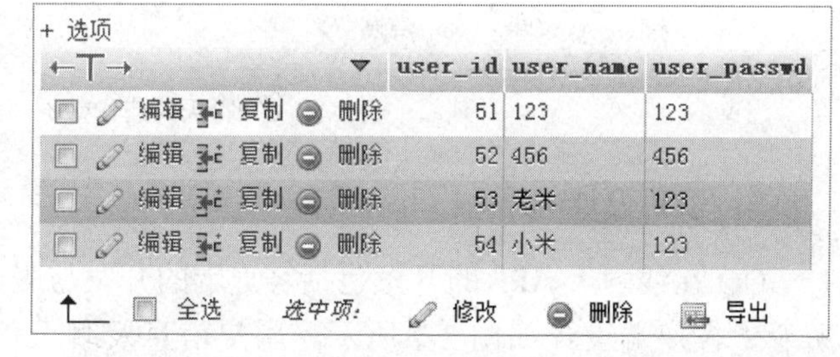

+ 选项

	user_id	user_name	user_passwd
编辑 复制 删除	51	123	123
编辑 复制 删除	52	456	456
编辑 复制 删除	53	老米	123
编辑 复制 删除	54	小米	123

全选　选中项：　修改　删除　导出

图2-2　QQ数据库

2）登录

单击图2-1中的“登录”按钮进行登录。查询数据库，若用户名和密码正确，则成功登录。登录成功后，进入QQ主界面的会话子界面，列表中有一个默认的QQ聊天群，如图2-3所示。

3）群聊

单击QQ主界面中的群栏目进入群聊视图，如图2-4所示。单击“发送”按钮可发群信息，信息发送成功后，在数据库中会增加一条聊天记录，如图2-5所示。群内其他用户可实时地接收到当前用户发送的信息。

图2-3 QQ主界面

图2-4 QQ聊天界面

编辑	复制	删除	18	老米	我是老米
编辑	复制	删除	19	小米	我是小米
编辑	复制	删除	20	老米	小米你好
编辑	复制	删除	21	小米	老米你好

图2-5 QQ聊天对应的数据库信息

2. 项目设计思路

QQ在线聊天APP的开发包括客户端的开发与服务端的开发。服务端设计如图2-6所示；客户端设计如图2-7所示。用户信息及聊天信息等存储在服务器上的MySQL数据库中。客户端向服务端发送数据库操作相应的增加、删除、修改、查询请求，实现注册、登录、聊天。

按功能模块划分，本项目开发可分为两个任务：任务2-1用户注册及登录模块开发；任务2-2聊天信息发送与接收模块开发。每个功能模块的开发都包含了服务端与客户端的开发。下面结合设计图2-6和图2-7，对两个任务的设计思路分别进行阐述。

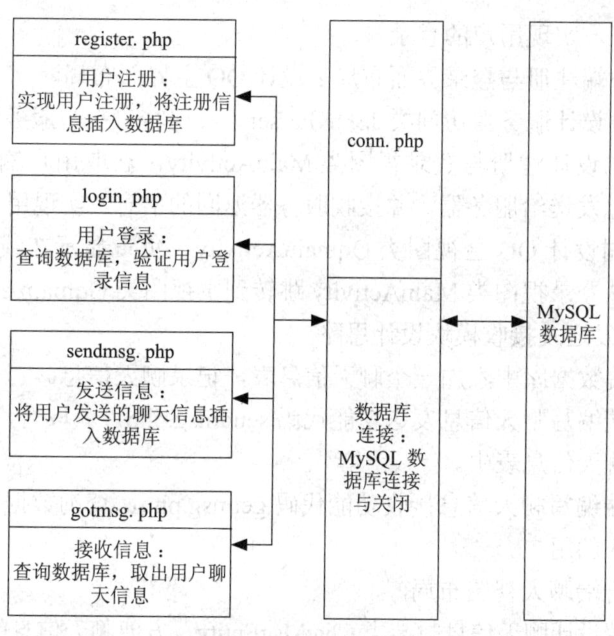

图2-6　服务端结构

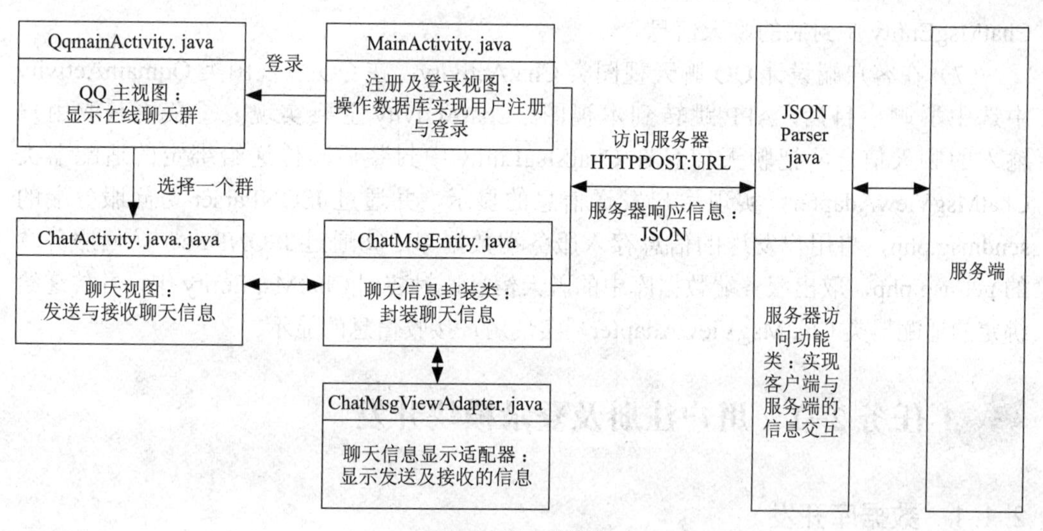

图2-7　客户端结构

1）用户注册及登录模块设计思路

（1）在服务端数据库中添加一个用户表，记录用户名、用户密码等信息。

（2）在服务端编写数据库连接代码 conn.php，实现服务端各个代码模块与 MySQL 数据库的连接。

（3）在服务端编写注册功能代码 register.php，获取客户端发送的注册信息，插入数据库用户表中。

（4）在服务端编写登录功能代码 login.php，获取客户端发送的登录信息，通过查询数据库进行验证，实现用户的登录。

（5）设计客户端注册与登录界面布局；设计QQ主界面布局。

（6）在客户端设计服务器访问类JSONParser，实现客户端与服务端的信息交互。

（7）在客户端设计注册与登录视图类MainActivity，获取用户输入的信息，通过JSONParser将信息发送给服务器，并接收服务器返回的信息，实现用户的注册与登录。

（8）在客户端设计QQ主视图类QqmainActivity，负责显示在线的好友。用户登录成功后，APP从登录视图类MainActivity跳转到主视图类QqmainActivity。

2）聊天信息发送及接收模块设计思路

（1）在服务端数据库中添加一个聊天信息表，记录聊天信息。

（2）在服务端编写聊天信息发送功能代码sendmsg.php，获取客户端发送的聊天信息，插入数据库聊天信息表中。

（3）在服务端编写聊天信息接收功能代码getmsg.php，查询数据库中的聊天信息，发送给客户端相应的用户。

（4）设计客户端聊天视图布局。

（5）在客户端设计聊天信息封装类ChatMsgEntity，方便聊天信息的存储与获取。

（6）在客户端设计聊天信息显示适配器类ChatMsgViewAdapter，负责显示ChatMsgEntity中封装的聊天信息。

（7）在客户端设计QQ聊天视图类ChatActivity，在QQ主视图类QqmainActivity中选中群聊栏目后，APP跳转到本视图。ChatActivity主要实现：①负责获取用户输入的聊天信息，把聊天信息在ChatMsgEntity中封装后，传递给绑定的适配器类ChatMsgViewAdapter，实现用户发送信息的显示，并通过JSONParser访问服务端的sendmsg.php，将用户发送的信息存入服务端数据库；②通过JSONParser访问服务端的getmsg.php，取出服务端数据库中的聊天信息，封装到ChatMsgEntity中，并传递给绑定的适配器类ChatMsgViewAdapter，实现用户接收信息的显示。

任务2-1　用户注册及登录模块开发

2.1.1　数据库开发

新建一个myqq数据库，共需两张数据表：用户表（user）和聊天表（chat），分别见表2-1和表2-2。

表2-1　用户表（user）

属性	类型	长度	备注
user_id	int	不限	用户ID号，主键，自增
user_name	varchar	10	用户名，非空，唯一
user_passwd	varchar	10	密码，非空

表2-2 聊天表（chat）

属性	类型	长度	备注
chat_id	int	不限	聊天记录ID号，主键，自增
user_name	varchar	10	聊天记录对应的用户，非空
chat_content	varchar	50	聊天内容，非空

数据库创建代码如下。

```
D:\xampp\htdocs\myqq\myqq.sql

create database myqq;
use myqq;
create table user(
    user_id int primary key auto_increment,
    user_name varchar(10) not null unique,
    user_passwd varchar(10) not null
);
create table chat(
    chat_id int primary key auto_increment,
    user_name varchar(10) not null,
    chat_content varchar(50) not null
);
```

在PhpMyAdmin中，单击右侧上方的“服务器：127.0.0.1”标签，然后单击SQL标签，将上述代码复制到代码编辑框内，然后单击“执行”按钮，如图2-8所示。

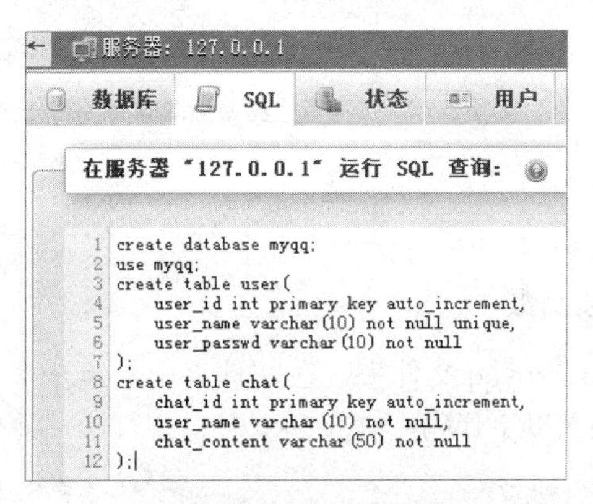

图2-8 运行数据库创建代码

执行成功后，单击左侧的表名如“chat”，然后单击右侧上方的“结构”标签，找到需要输入中文的表元素，如图2-9所示，如用户名“user_name”和聊天内容“chat_content”，再单击“修改”按钮，逐项将排序规则更改为“utf8_general_ci”，如图2-10所示。

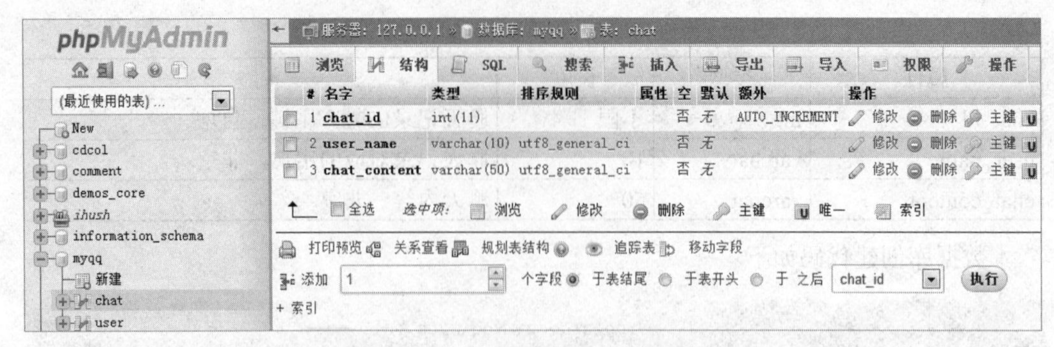

图2-9 PhpMyAdmin数据库管理界面

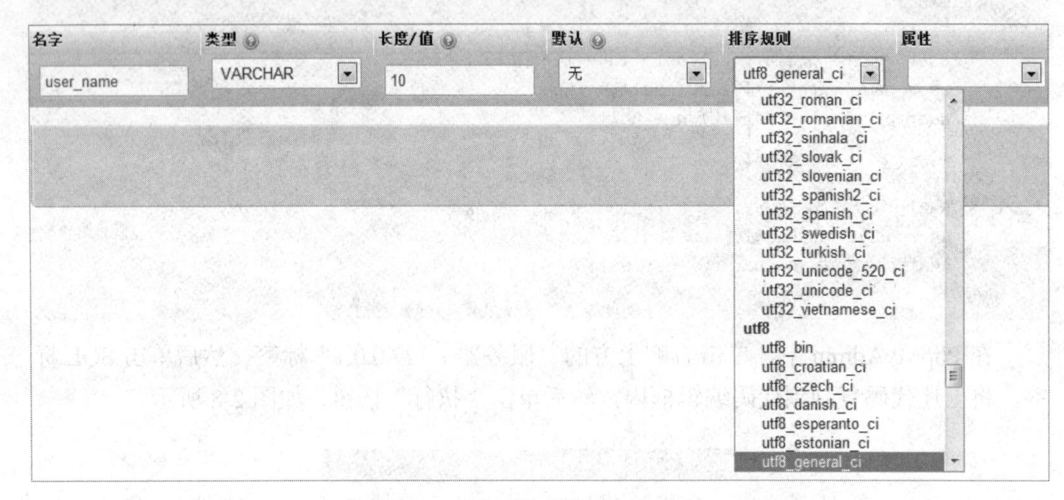

图2-10 数据库字符集更改界面

2.1.2 服务端开发

1. 编写数据库连接函数

新建 D:\xampp\htdocs\myqq 文件夹，在文件夹中新建一个文本文件 conn.php，在 PDT 中打开该文件，输入以下代码。

```
D:\xampp\htdocs\myqq\conn.php

<?php
$databaseConnection = null;
function getConnection(){
    $hostname = "localhost";                //数据库服务器主机名,可以用IP代替
    $database = "myqq";                     //数据库名
    $userName = "root";                     //数据库服务器用户名
    $password = "passwd";                   //数据库服务器密码
    global $databaseConnection;
    $databaseConnection = @mysql_connect($hostname, $userName, $password) or die(mysql_
error());                                   //连接数据库服务器
    mysql_query("set names 'utf8'");        //设置字符集
```

```
    @mysql_select_db($database, $databaseConnection) or die(mysql_error());

}
function closeConnection(){
    global $databaseConnection;
    if($databaseConnection){
        mysql_close($databaseConnection) or die(mysql_error());
    }
}
?>
```

上述代码完成的功能包括：

- 创建一个 getConnection() 函数，以用户名 root、密码 passwd 访问本地主机上名为 myqq 的数据库。
- 创建一个 closeConnection() 函数，用于断开与数据库的连接。

注意：数据库的用户名和密码与前文“引子”中开发环境配置章节的“XAMPP 套件安装”部分保持一致。

2. 实现用户注册

在 D:\xampp\htdocs\myqq 文件夹中新建一个文本文件 register.php。在 PDT 中打开该文件，输入以下代码。

D:\xampp\htdocs\myqq\register.php

```
<?php
session_start ();                                   //启动 PHP会话
$response = array ();                               //定义JSON响应数组
include_once ("conn.php");                          //连接数据库
getConnection ();
//判断是否获取到所需的输入
if (isset ( $_POST ['user_name'] ) && isset ( $_POST ['user_passwd'] )) {
    $user_name = $_POST ['user_name'];
    $user_passwd = $_POST ['user_passwd'];

    //判断用户名是否占用
    $userNameSQL = "select * from user where user_name='$user_name'";
    $resultSet = mysql_query($userNameSQL);   //数据库查询
    if(mysql_num_rows($resultSet)>0){
        $response ["success"] = 0;
        $response ["message"] = "Name is used";
        //返回JSON响应
        echo json_encode ($response);
        closeConnection();                          //关闭连接
        exit();
    }

    //数据库插入
    $result = mysql_query ( "INSERT INTO user(user_name, user_passwd) VALUES('$user_
name', '$user_passwd')" );
```

```
    //判断数据插入是否成功
    if ($result) {
        //数据成功插入
        $response ["success"] = 1;
        $response ["message"] = "Product successfully created.";
        //返回JSON响应
        echo json_encode ( $response );
    } else {
        //数据插入失败
        $response ["success"] = 0;
        $response ["message"] = "Oops! An error occurred.";
        //返回JSON响应
        echo json_encode ( $response );
    }
} else {
    //没有获取到输入参数
    $response ["success"] = 0;
    $response ["message"] = "Required field(s) is missing";
    //返回JSON响应
    echo json_encode ( $response );
}
closeConnection ();//关闭连接
?>
```

上述代码的功能包括：

- 开启 Session 会话。
- 调用 getConnection() 函数连接数据库。
- 接收客户端传递的用户名与密码并进行数据库查询，若数据库中无重复用户名，则将新用户信息插入数据库，实现用户注册。
- 返回服务器响应参数。

3. 测试注册代码

将文件 register.php 另存为 register2.php，将代码中的 POST 替换为 GET，代码如下。

D:\xampp\htdocs\myqq\register2.php

```
<?php
session_start ();                    //启动PHP会话
$response = array ();                //定义JSON响应数组
include_once ("conn.php");           //连接数据库
getConnection ();
//判断是否获取到所需的输入
if (isset ( $_GET ['user_name'] ) && isset ( $_GET ['user_passwd'] )) {
    $user_name = $_GET ['user_name'];
    $user_passwd = $_GET ['user_passwd'];

    //判断用户名是否占用
    $userNameSQL = "select * from user where user_name='$user_name'";
```

```
        $resultSet = mysql_query($userNameSQL);      //数据库查询
        if(mysql_num_rows($resultSet)>0){
            $response ["success"] = 0;
            $response ["message"] = "Name is used";
            //返回JSON响应
            echo json_encode ($response);
            closeConnection();                       //关闭连接
            exit();
        }

        //数据库插入
        $result = mysql_query ( "INSERT INTO user(user_name, user_passwd) VALUES('$user_
name', '$user_passwd')" );

        //判断数据插入是否成功
        if ($result) {
            //数据成功插入
            $response ["success"] = 1;
            $response ["message"] = "Product successfully created.";
            //返回JSON响应
            echo json_encode ( $response );
        } else {
            //数据插入失败
            $response ["success"] = 0;
            $response ["message"] = "Oops! An error occurred.";
            //返回JSON响应
            echo json_encode ( $response );
        }
    } else {
        //没有获取到输入参数
        $response ["success"] = 0;
        $response ["message"] = "Required field(s) is missing";
        //返回JSON响应
        echo json_encode ( $response );
    }
    closeConnection ();//关闭连接
    ?>
```

在浏览器地址栏中输入“http://localhost/myqq/register2.php?user_name=test&user_passwd=test”，如获取到JSON响应“{"success":1,"message":"Product successfully created."}”，则测试成功，如图2-11所示。

图2-11 注册服务测试

4．实现用户登录

在D:\xampp\htdocs\myqq文件夹中新建一个文件login.php。在PDT中打开该文件，输入以下代码。

D:\xampp\htdocs\myqq\login.php

```
<?php
session_start ();                      //启动PHP会话
$response = array ();                  //定义JSON响应数组
include_once ("conn.php");             //连接数据库
getConnection ();
//判断是否获取到所需的输入
if (isset ( $_POST ['user_name'] ) && isset ( $_POST ['user_passwd'] )) {
    $user_name = $_POST ['user_name'];
    $user_passwd = $_POST ['user_passwd'];

    //判断用户名是否登记
    $userNameSQL = "select * from user where user_name='$user_name' and user_passwd='$user_
passwd'";
    $resultSet = mysql_query($userNameSQL);
    if(mysql_num_rows($resultSet)>0){
        $user = mysql_fetch_array($resultSet);
        $_SESSION['user_name'] = $user['user_name'];
        $_SESSION['user_passwd'] = $user['user_passwd'];
        $response ["success"] = 1;
        $response ["message"] = "Welcome login";
        //返回JSON响应
        echo json_encode ($response);
    }else {
        $response ["success"] = 0;
        $response ["message"] = "Wrong user name or password";
        //返回JSON响应
        echo json_encode ($response);
    }
}
closeConnection ();
?>
```

上述代码的功能包括：

- 开启Session会话。
- 调用getConnection()函数连接数据库。
- 接收客户端传递的用户名与密码并进行数据库查询，若数据库中对应的用户名与密码正确，则用户可以登录。
- 返回服务器响应参数。

5．测试登录代码

将文件login.php另存为login2.php，将代码中的POST替换为GET，代码如下。

D:\xampp\htdocs\myqq\login.php

```
<?php
session_start ();                           //启动PHP会话
$response = array ();                       //定义JSON响应数组
include_once ("conn.php");                  //连接数据库
getConnection ();
// 判断是否获取到所需的输入
if (isset ( $_GET ['user_name'] ) && isset ( $_GET ['user_passwd'] )) {
    $user_name = $_GET ['user_name'];
    $user_passwd = $_GET ['user_passwd'];

    //判断用户名是否登记
    $userNameSQL = "select * from user where user_name='$user_name' and user_
passwd='$user_passwd'";
    $resultSet = mysql_query($userNameSQL);
    if(mysql_num_rows($resultSet)>0){
        $user = mysql_fetch_array($resultSet);
        $_SESSION['user_name'] = $user['user_name'];
        $_SESSION['user_passwd'] = $user['user_passwd'];
        $response ["success"] = 1;
        $response ["message"] = "Welcome login";
        // 返回JSON响应
        echo json_encode ($response);
    }else {
        $response ["success"] = 0;
        $response ["message"] = "Wrong user name or password";
        // 返回JSON响应
        echo json_encode ($response);
    }
}
closeConnection ();
?>
```

在浏览器地址栏中输入“http://localhost/myqq/login2.php?user_name=test&user_passwd=test”，如获取到JSON响应“{"success":1,"message":"Welcome login"}”，则测试成功。

在PhpMyAdmin中打开数据库，进行进一步确认，如图2-12所示。

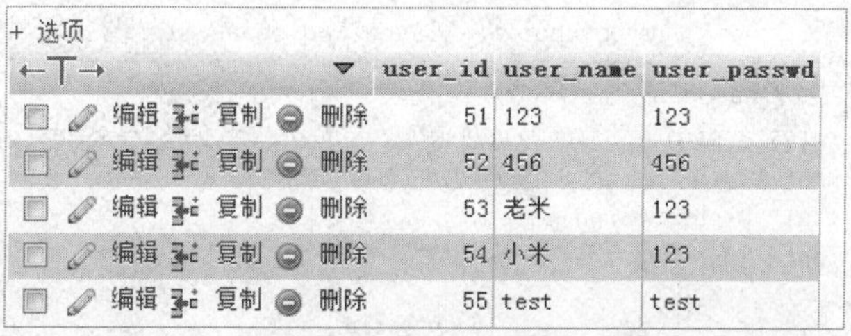

+ 选项

←T→	▼	user_id	user_name	user_passwd
☐	编辑 复制 删除	51	123	123
☐	编辑 复制 删除	52	456	456
☐	编辑 复制 删除	53	老米	123
☐	编辑 复制 删除	54	小米	123
☐	编辑 复制 删除	55	test	test

图2-12 QQ数据库

2.1.3　客户端开发

1．注册及登录界面布局设计

打开 ADT，新建一个 Android 程序，程序名和工程名填写为 myqq_chat，包名填写为 com.qq.Activity，单击 Next 按钮，如图 2-13 所示。

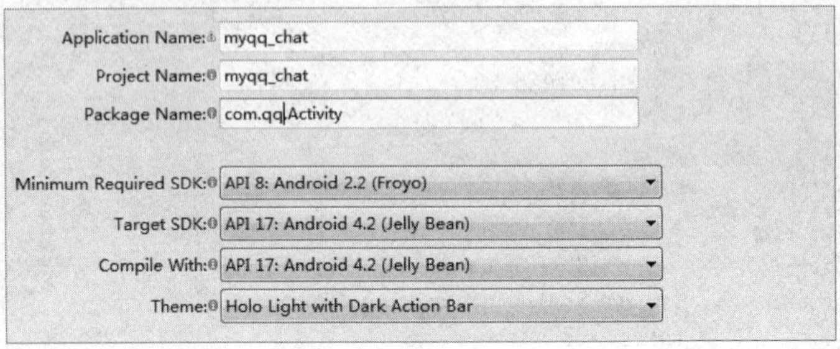

图2-13　新建工程

在向导最后一页填写视图名为 MainActivity，布局名为 qqlogin，单击“完成”按钮，生成用户注册模块的类文件 MainActivity.java 及布局文件 qqlogin.xml，如图 2-14 所示。

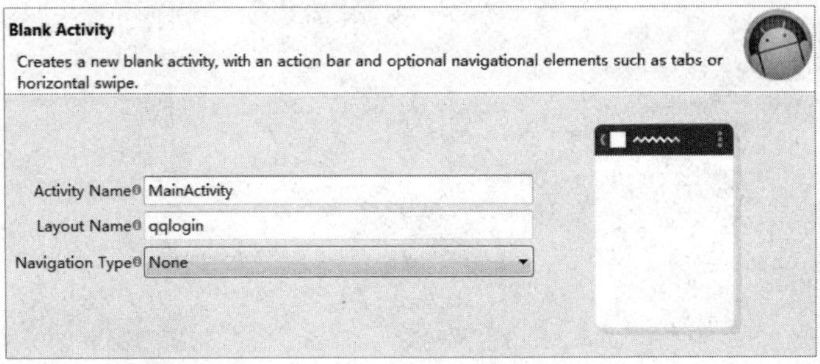

图2-14　为Activity及布局文件命名

在“.\myqq_chat\res\”文件夹中新建一个 drawable 文件夹，将本项目所用到的图片及动画资源文件都复制到该文件夹中。

打开 qqlogin.xml，编写如下布局代码。

.\myqq_chat\res\layout\qqlogin.xml

```
<?xml version="1.0" encoding="utf-8"?>
<LinearLayout xmlns:android="http://schemas.android.com/apk/res/android"
    android:layout_width="match_parent"
    android:layout_height="match_parent"
    android:orientation="vertical" >

    <LinearLayout
        android:layout_width="match_parent"
        android:layout_height="wrap_content"
        android:layout_weight="0.66"
```

```
android:background="@drawable/blue_bg"
android:orientation="vertical" >

<RelativeLayout
    android:layout_width="match_parent"
    android:layout_height="257dp"
    android:layout_margin="15px"
    android:layout_marginLeft="15px"
    android:layout_marginRight="15px"
    android:layout_marginTop="62px"
    android:background="@drawable/login_bg"
    android:paddingBottom="10dp"
    android:paddingTop="21dp" >

    <EditText
        android:id="@+id/login_edit_pwd"
        android:layout_width="wrap_content"
        android:layout_height="wrap_content"
        android:layout_alignBaseline="@+id/TextView01"
        android:layout_alignBottom="@+id/TextView01"
        android:layout_toRightOf="@+id/textView1"
        android:ems="10"
        android:hint="请输入密码"
        android:inputType="textPassword" />

    <CheckBox
        android:id="@+id/checkBox1"
        android:layout_width="wrap_content"
        android:layout_height="wrap_content"
        android:layout_alignParentBottom="true"
        android:layout_alignParentLeft="true"
        android:layout_marginBottom="43dp"
        android:text="记住密码" />

    <ImageView
        android:id="@+id/imageView1"
        android:layout_width="72dp"
        android:layout_height="72dp"
        android:layout_above="@+id/checkBox1"
        android:layout_alignParentLeft="true"
        android:layout_marginBottom="26dp"
        android:src="@drawable/h001" />

    <EditText
        android:id="@+id/login_edit_account"
        android:layout_width="wrap_content"
        android:layout_height="wrap_content"
        android:layout_alignBaseline="@+id/textView1"
        android:layout_alignBottom="@+id/textView1"
        android:layout_alignLeft="@+id/login_edit_pwd"
        android:layout_alignParentRight="true"
        android:ems="10"
```

```
            android:hint="请输入账号" />

        <Button
            android:id="@+id/register_button"
            android:layout_width="wrap_content"
            android:layout_height="wrap_content"
            android:layout_alignBaseline="@+id/checkBox1"
            android:layout_alignBottom="@+id/checkBox1"
            android:layout_marginLeft="50dp"
            android:layout_toRightOf="@+id/checkBox1"
            android:text="注册" />

        <Button
            android:id="@+id/login_button"
            android:layout_width="wrap_content"
            android:layout_height="wrap_content"
            android:layout_alignBaseline="@+id/checkBox1"
            android:layout_alignBottom="@+id/checkBox1"
            android:layout_alignRight="@+id/login_edit_pwd"
            android:text="登录" />

        <TextView
            android:id="@+id/textView1"
            android:layout_width="wrap_content"
            android:layout_height="wrap_content"
            android:layout_alignTop="@+id/imageView1"
            android:layout_toRightOf="@+id/imageView1"
            android:text="账号" />

        <TextView
            android:id="@+id/TextView01"
            android:layout_width="wrap_content"
            android:layout_height="wrap_content"
            android:layout_alignBottom="@+id/imageView1"
            android:layout_alignLeft="@+id/textView1"
            android:text="密码" />
    </RelativeLayout>

    <TableLayout
        android:layout_width="match_parent"
        android:layout_height="wrap_content" >

        <TableRow
            android:id="@+id/tableRow1"
            android:layout_width="wrap_content"
            android:layout_height="wrap_content" >

            <CheckBox
                android:id="@+id/checkBox2"
                android:layout_width="wrap_content"
                android:layout_height="wrap_content"
                android:layout_marginLeft="25dp"
```

```
                android:text="隐身登录" />

            <CheckBox
                android:id="@+id/checkBox3"
                android:layout_width="wrap_content"
                android:layout_height="wrap_content"
                android:layout_marginLeft="25dp"
                android:layout_marginRight="25dp"
                android:text="开启振动" />
        </TableRow>

        <TableRow
            android:id="@+id/tableRow2"
            android:layout_width="wrap_content"
            android:layout_height="wrap_content" >

            <CheckBox
                android:id="@+id/CheckBox02"
                android:layout_width="wrap_content"
                android:layout_height="wrap_content"
                android:layout_marginLeft="25dp"
                android:text="接收群消息" />

            <CheckBox
                android:id="@+id/CheckBox01"
                android:layout_width="wrap_content"
                android:layout_height="wrap_content"
                android:layout_marginLeft="25dp"
                android:layout_marginRight="25dp"
                android:text="静音登录" />
        </TableRow>
    </TableLayout>
</LinearLayout>

<RelativeLayout
    android:layout_width="match_parent"
    android:layout_height="54dp"
    android:background="@drawable/bottom" >

    <ImageButton
        android:id="@+id/imageButton1"
        android:layout_width="wrap_content"
        android:layout_height="wrap_content"
        android:layout_alignParentLeft="true"
        android:layout_centerVertical="true"
        android:layout_marginLeft="21dp"
        android:src="@drawable/option_normal" />
</RelativeLayout>

</LinearLayout>
```

如图 2-15 所示，注册及登录界面整体分为三部分：使用相对布局来完成账号和密码等控件的布局；选项的设置控件由于比较整齐，采用表格布局的方式；选项控件的设置由于在最底部，采用相对布局的方式。这三部分的布局整体排列的时候采用垂直的线性布局由上到下进行分布显示。其中，参与程序后续处理的仅为“请输入账号”、“请输入密码”两个编辑框及“注册”、“登录”两个按钮，其他控件留作以后程序的拓展。

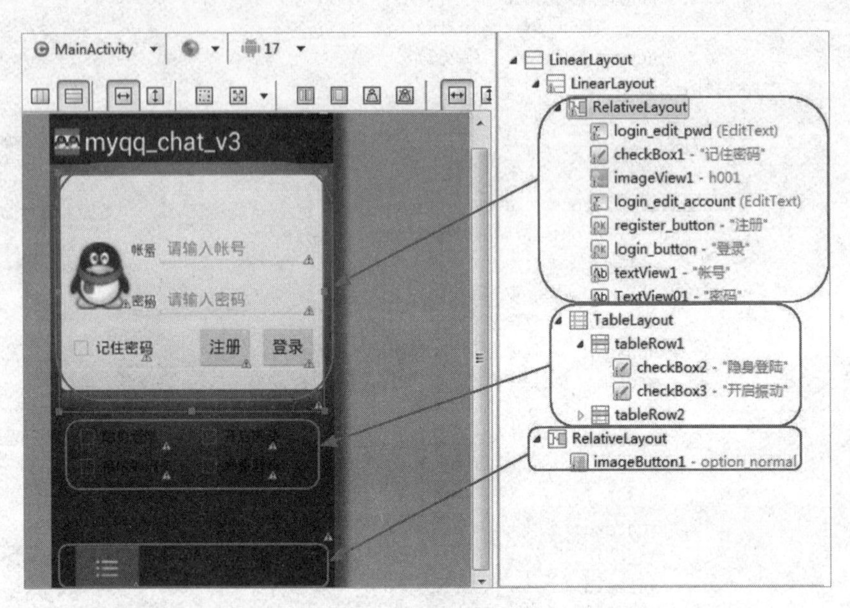

图2-15 登录界面设计

2. 加入Internet访问许可

打开 AndroidManifest.xml，为程序加入 Internet 访问许可。

```
myqq_chat\ AndroidManifest.xml
<uses-permission android:name="android.permission.INTERNET" />
```

3. 设计服务器访问类

在 com.qq.Activity 包中新建一个类 JSONParser.java，输入以下代码，以 HTTP POST 的方式连接服务器。

```
myqq_chat\src\com\qq\Activity\JSONParser.java
package com.qq.Activity;

import java.io.BufferedReader;
import java.io.IOException;
import java.io.InputStream;
import java.io.InputStreamReader;
import java.io.UnsupportedEncodingException;
```

```
import java.util.List;
import org.apache.http.HttpEntity;
import org.apache.http.HttpResponse;
import org.apache.http.NameValuePair;
import org.apache.http.client.ClientProtocolException;
import org.apache.http.client.CookieStore;
import org.apache.http.client.entity.UrlEncodedFormEntity;
import org.apache.http.client.methods.HttpPost;
import org.apache.http.cookie.Cookie;
import org.apache.http.impl.client.DefaultHttpClient;
import org.apache.http.protocol.HTTP;
import android.util.Log;

public class JSONParser {
    static InputStream is = null;              //JSON输入流
    static String json = "";                   //将JSON输入流转换为字符串
    public static String PHPSESSID = null;     //Session会话ID

    //构造函数
    public JSONParser() {
    }

    //通过HTTP POST方式连接指定的URL
    public String makeHttpRequest(String url, String method,
            List<NameValuePair> params) {
        //进行HTTP请求
        try {
            //通过HTTP POST方式连接指定的URL
            HttpPost httpPost = new HttpPost(url);
            httpPost.setEntity(new UrlEncodedFormEntity(params, HTTP.UTF_8));
            //第一次一般是还未被赋值，若有值则将SessionID发给服务器
            if(null != PHPSESSID){
                httpPost.setHeader("Cookie", "PHPSESSID=" + PHPSESSID);
            }
            //设置默认的HTTP客户端
            DefaultHttpClient httpClient = new DefaultHttpClient();
            //执行HTTP连接
            HttpResponse httpResponse = httpClient.execute(httpPost);
            HttpEntity httpEntity = httpResponse.getEntity();
            is = httpEntity.getContent();     //返回值
            CookieStore mCookieStore = httpClient.getCookieStore();
            List<Cookie> cookies = mCookieStore.getCookies();
            for (int i = 0; i < cookies.size(); i++) {
                //这里是读取Cookie['PHPSESSID']的值存储在静态变量中，要保证每次都是同一个值
                if ("PHPSESSID".equals(cookies.get(i).getName())) {
                    PHPSESSID = cookies.get(i).getValue();
                    break;
                }
            }
        } catch (UnsupportedEncodingException e) {
            e.printStackTrace();
        } catch (ClientProtocolException e) {
            e.printStackTrace();
```

```
            } catch (IOException e) {
                e.printStackTrace();
            }
            try {
                BufferedReader reader = new BufferedReader(new InputStreamReader(
                        is, "UTF-8"));    //从JSON输入流中读取信息
                StringBuilder sb = new StringBuilder();
                String line = null;
                while ((line = reader.readLine()) != null) {
                    sb.append(line + "\n");
                }
                is.close();
                json = sb.toString();          //把JSON对象转换为字符串
            } catch (Exception e) {
                Log.e("Buffer Error", "Error converting result " + e.toString());
                Log.d("json", json.toString());
            }

            return json; //返回JSON值
        }
    }
```

上述代码的主要功能都在 makeHttpRequest() 方法中实现，该方法的输入为访问服务器的 URL 及需要传递给服务器的参数，输出为服务器返回的 JSON 数据。该方法的主要功能包括：

- 发送 SessionID 给服务器，使服务器知道是哪一个用户在进行访问。
- 使用指定的 URL 及相关参数访问服务器。
- 获取服务器返回的数据流。
- 将数据流转换为字符串格式，作为本方法的输出。

4. 实现注册与登录

打开 MainActivity.java，编写如下代码，实现用户的注册与登录。

myqq_chat\src\com\qq\Activity\MainActivity.java

```
package com.qq.Activity;

import java.util.ArrayList;
import java.util.List;
import org.apache.http.NameValuePair;
import org.apache.http.message.BasicNameValuePair;
import org.json.JSONException;
import org.json.JSONObject;
import com.qq.Activity.R;
import android.os.AsyncTask;
import android.os.Bundle;
import android.app.Activity;
import android.app.ProgressDialog;
import android.content.Intent;
```

```
import android.util.Log;
import android.view.View;
import android.view.View.OnClickListener;
import android.widget.Button;
import android.widget.EditText;
import android.widget.Toast;

public class MainActivity extends Activity {
    /* 定义账户和密码的控件变量，定义登录按钮的控件变量 */
    private Button loginBt;
    private Button registerBt;
    private EditText qqNo, qqPsw;
    //进度对话框
    private ProgressDialog pDialog;
    JSONParser jsonParser = new JSONParser();
    private String jsonData;                //服务器返回值
    private String message;                 //服务器返回值
    private int success;                    //服务器返回值
    public static String user_name;         //QQ账户名
    public static String BaseURL = "http://192.168.23.3/myqq/";

    //此处写的是你的服务端的地址
    //注册地址
    private static String url_register = BaseURL + "register.php";
    //登录地址
    private static String url_login = BaseURL + "login.php";

    @Override
    protected void onCreate(Bundle savedInstanceState) {
        super.onCreate(savedInstanceState);
        setContentView(R.layout.qqlogin);

        /* 账户和密码的控件变量赋值，注册按钮的控件变量赋值 */
        registerBt = (Button) findViewById(R.id.register_button);
        qqNo = (EditText) findViewById(R.id.login_edit_account);
        qqNo.requestFocus();
        qqPsw = (EditText) findViewById(R.id.login_edit_pwd);

        registerBt.setOnClickListener(new OnClickListener() {
            public void onClick(View v) {
                if (qqNo.getText().toString().equals("")
                        || qqPsw.getText().toString().equals("")) {
                    Toast toast = Toast.makeText(getApplicationContext(),
                            "请输入账号密码", Toast.LENGTH_SHORT);
                    toast.show();
                } else {
                    new Register().execute();

                }
            }
        });
```

```
        /* 账户和密码的控件变量赋值，登录按钮的控件变量赋值 */
        loginBt = (Button) findViewById(R.id.login_button);
        qqNo = (EditText) findViewById(R.id.login_edit_account);
        qqPsw = (EditText) findViewById(R.id.login_edit_pwd);

        loginBt.setOnClickListener(new OnClickListener() {
            public void onClick(View v) {
                if (qqNo.getText().toString().equals("")
                        || qqPsw.getText().toString().equals("")) {
                    Toast toast = Toast.makeText(getApplicationContext(),
                            "请输入账号密码", Toast.LENGTH_SHORT);
                    toast.show();
                } else {

                    new Login().execute();

                }
            }
        });
    }

    /**
     * QQ注册的后台异步任务
     * */
    class Register extends AsyncTask<String, String, String> {
        /**
         * 后台异步任务执行前显示一个Progress Dialog
         * */
        @Override
        protected void onPreExecute() {
            super.onPreExecute();
            pDialog = new ProgressDialog(MainActivity.this);
            pDialog.setMessage("正在注册..");
            pDialog.setIndeterminate(false);
            pDialog.setCancelable(true);
            pDialog.show();
        }

        /**
         * 开始执行后台异步任务
         * */
        protected String doInBackground(String... args) {
            //构造符合JSON协议的参数
            List<NameValuePair> params = new ArrayList<NameValuePair>();
            params.add(new BasicNameValuePair("user_name", qqNo.getText()
                    .toString()));
            params.add(new BasicNameValucPair("user_passwd", qqPsw.getText()
                    .toString()));

            //将URL传递给jsonParser的相应函数，以HTTP POST方式连接服务器
            try {
                jsonData = jsonParser.makeHttpRequest(url_register, "POST",
```

```
                    params);
            } catch (Exception e) {
                e.printStackTrace();
            }

            //获取服务器返回的JSON对象
            try {
                JSONObject jsonObject = new JSONObject(jsonData);

                message = jsonObject.getString("message");
                success = jsonObject.getInt("success");

            } catch (JSONException e) {
                Log.e("log_tag", "Error parsing data " + e.toString());
            }

            //返回
            return null;
        }

        /**
         * 异步任务完成后给出提示信息
         * **/
        protected void onPostExecute(String file_url) {
            pDialog.dismiss();
            String str = "" + success;
            Toast toast = Toast.makeText(getApplicationContext(), "返回码=" + str+ " : "
+ message, Toast.LENGTH_LONG);
            toast.show();

        }
    }

    /**
     * QQ登录的后台异步任务
     * */
    class Login extends AsyncTask<String, String, String> {
        /**
         * 后台异步任务执行前显示一个Progress Dialog
         * */
        @Override
        protected void onPreExecute() {
            super.onPreExecute();
            pDialog = new ProgressDialog(MainActivity.this);
            pDialog.setMessage("正在登录..");
            pDialog.setIndeterminate(false);
            pDialog.setCancelable(true);
            pDialog.show();
        }

        /**
         * 开始执行后台异步任务
```

```
         * */
        protected String doInBackground(String... args) {
            //构造符合JSON协议的参数
            List<NameValuePair> params = new ArrayList<NameValuePair>();
            params.add(new BasicNameValuePair("user_name", qqNo.getText()
                    .toString()));
            params.add(new BasicNameValuePair("user_passwd", qqPsw.getText()
                    .toString()));
            //将URL传递给jsonParser的相应函数，以HTTP POST方式连接服务器
            try {
                jsonData = jsonParser.makeHttpRequest(url_login, "POST",
                        params);
            } catch (Exception e) {
                e.printStackTrace();
            }

            //获取返回的JSON对象
            try {
                JSONObject jsonObject = new JSONObject(jsonData);

                message = jsonObject.getString("message");
                success = jsonObject.getInt("success");

            } catch (JSONException e) {
                Log.e("log_tag", "Error parsing data " + e.toString());
            }

            //返回
            return null;
        }

        /**
         * 异步任务完成后给出提示信息
         * **/
        protected void onPostExecute(String file_url) {
            pDialog.dismiss();
            String str = "" + success;
            Toast toast = Toast.makeText(getApplicationContext(), "返回码=" + str+ " : "
+ message, Toast.LENGTH_LONG);
            toast.show();
            if (success == 1) {
                user_name = qqNo.getText().toString();
                Intent intent = new Intent(MainActivity.this,
                        QqmainActivity.class);
                startActivity(intent);
            }
        }
    }
}
```

上述代码主要实现的功能包括：

- 调用 qqlogin.xml 布局文件显示用户界面。
- 注册“请输入账号”、“请输入密码”两个编辑框控件及“注册”、“登录”两个按钮控件，为两个按钮控件设置监听器。
- 建立一个 Register 内部类，以后台异步任务的方式执行用户注册功能，调用 JSONParser 类的 makeHttpRequest() 方法，将注册的 URL 及相关参数传递给 JSONParser 类，将 makeHttpRequest() 方法的返回值进行解析，获取服务器的执行结果，若服务器返回“success=1”，则表示注册成功。该操作中，客户端与服务器的 JSON 协议如表 2-3 所示。

表2-3　注册接口JSON参数表

请求	URL	客户端请求参数	服务器响应参数

注册	/register.php	user_name=xxx //用户名
		user_password=xxx //用户密码
			success=1 //操作成功
			success=0 //操作失败
			message=xxx //响应信息

- 建立一个 Login 内部类，以后台异步任务的方式执行用户登录功能，调用 JSONParser 类的 makeHttpRequest() 方法，将注册的 URL 及相关参数传递给 JSONParser 类，将 makeHttpRequest() 方法的返回值进行解析，获取服务器的执行结果。若服务器返回“success=1”，则表示登录成功，执行视图跳转，转到 QQ 主视图类 QqmainActivity。该操作中，客户端与服务器的 JSON 协议如表 2-4 所示。

表2-4　登录接口JSON参数表

请求	URL	客户端请求参数	服务器响应参数

注册	/login.php	user_name=xxx //用户名
		user_password=xxx //用户密码
			success=1 //操作成功
			success=0 //操作失败
			message=xxx //响应信息

- 用户单击“注册”按钮，以异步任务的方式执行 Register 类；用户单击“登录”按钮，以异步任务的方式执行 Login 类。

5. QQ主界面布局设计

在包资源管理器的 \myqq_chat\res\layout\ 目录上单击鼠标右键，在弹出的快捷菜单中选择 New → Android XML File 命令，新建一个布局文件 qqmain.xml，代码如下。

```
\myqq_chat\res\layout\ qqmain.xml
```

```
<?xml version="1.0" encoding="utf-8"?>
<RelativeLayout xmlns:android="http://schemas.android.com/apk/res/android"
    android:layout_width="match_parent"
    android:layout_height="match_parent"
```

```
    android:orientation="vertical" >

    <RelativeLayout
        android:id="@+id/bottom"
        android:layout_width="match_parent"
        android:layout_height="65dp"
        android:layout_alignParentBottom="true"
        android:layout_alignParentTop="false"
        android:paddingBottom="2dp" >

        <LinearLayout
            android:id="@+id/LinearLayout1"
            android:layout_width="fill_parent"
            android:layout_height="wrap_content"
            android:layout_alignParentBottom="true"
            android:layout_alignParentTop="true"
            android:background="@drawable/bottom"
            android:paddingBottom="2dp" >

            <LinearLayout
                android:layout_width="wrap_content"
                android:layout_height="wrap_content"
                android:layout_gravity="center_horizontal"
                android:layout_weight="1"
                android:orientation="vertical" >

                <ImageView
                    android:id="@+id/img_chat"
                    android:layout_width="wrap_content"
                    android:layout_height="wrap_content"
                    android:layout_gravity="center_horizontal"
                    android:clickable="true"
                    android:scaleType="matrix"
                    android:src="@drawable/chat1" />

                <TextView
                    android:id="@+id/textView1"
                    android:layout_width="wrap_content"
                    android:layout_height="wrap_content"
                    android:layout_gravity="center_horizontal"
                    android:text="会话"
                    android:textColor="#fff"
                    android:textSize="10sp" />
            </LinearLayout>

            <LinearLayout
                android:layout_width="wrap_content"
                android:layout_height="wrap_content"
                android:layout_gravity="center_horizontal"
                android:layout_weight="1"
                android:orientation="vertical" >

                <ImageView
```

```
            android:id="@+id/img_contact"
            android:layout_width="wrap_content"
            android:layout_height="wrap_content"
            android:layout_gravity="center_horizontal"
            android:clickable="true"
            android:scaleType="matrix"
            android:src="@drawable/mans0" />

        <TextView
            android:id="@+id/TextView01"
            android:layout_width="wrap_content"
            android:layout_height="wrap_content"
            android:layout_gravity="center_horizontal"
            android:text="联系人"
            android:textColor="#fff"
            android:textSize="10sp" />
    </LinearLayout>

    <LinearLayout
        android:layout_width="wrap_content"
        android:layout_height="wrap_content"
        android:layout_gravity="center_horizontal"
        android:layout_weight="1"
        android:orientation="vertical" >

        <ImageView
            android:id="@+id/img_zone"
            android:layout_width="wrap_content"
            android:layout_height="wrap_content"
            android:layout_gravity="center_horizontal"
            android:clickable="true"
            android:scaleType="matrix"
            android:src="@drawable/qqzone0" />

        <TextView
            android:id="@+id/TextView02"
            android:layout_width="wrap_content"
            android:layout_height="wrap_content"
            android:layout_gravity="center_horizontal"
            android:text="动态"
            android:textColor="#fff"
            android:textSize="10sp" />
    </LinearLayout>

    <LinearLayout
        android:layout_width="wrap_content"
        android:layout_height="wrap_content"
        android:layout_gravity="center_horizontal"
        android:layout_weight="1"
        android:orientation="vertical" >

        <ImageView
            android:id="@+id/img_setting"
```

```
                    android:layout_width="wrap_content"
                    android:layout_height="wrap_content"
                    android:layout_gravity="center_horizontal"
                    android:clickable="true"
                    android:scaleType="matrix"
                    android:src="@drawable/setting0" />

                <TextView
                    android:id="@+id/TextView03"
                    android:layout_width="wrap_content"
                    android:layout_height="wrap_content"
                    android:layout_gravity="center_horizontal"
                    android:text="设置"
                    android:textColor="#fff"
                    android:textSize="10sp" />
            </LinearLayout>
        </LinearLayout>
    </RelativeLayout>

    <LinearLayout
        android:layout_width="fill_parent"
        android:layout_height="wrap_content"
        android:layout_above="@id/bottom"
        android:orientation="vertical" >

        <android.support.v4.view.ViewPager
            android:id="@+id/tabpager"
            android:layout_width="wrap_content"
            android:layout_height="wrap_content" >
        </android.support.v4.view.ViewPager>
    </LinearLayout>

</RelativeLayout>
```

QQ 在登录完成后进入了主视图 QqmainActivity，主视图调用主页面（qqmain.xml）进行显示。主页面包括会话（main_tab_chat.xml）、联系人（main_tab_contact.xml）、动态（main_tab_zone.xml）、设置（main_tab_setting.xml）4 个子页面，4 个子页面通过主界面的 4 个图像按钮可以进行单击切换，也可以通过在屏幕主界面进行滑动切换。本例仅用到了会话（main_tab_chat.xml）子页面，其他 3 个子页面为空白页面，留作以后程序拓展。

登录成功后主界面的 UI 和布局方式如图 2-16 所示。主界面整体采用相对布局的方式；布局包含 tabpager 滑动控件和图标按钮控件。

在包资源管理器的 \myqq_chat\res\layout\ 目录上单击鼠标右键，在弹出的快捷菜单中选择 New → Android XML File 命令，新建 4 个布局文件：会话（main_tab_chat.xml）、联系人（main_tab_contact.xml）、动态（main_tab_zone.xml）、设置（main_tab_setting.xml），4 个子页面通过主页面中的 TabPager 控件嵌入到主页面。代码如下。

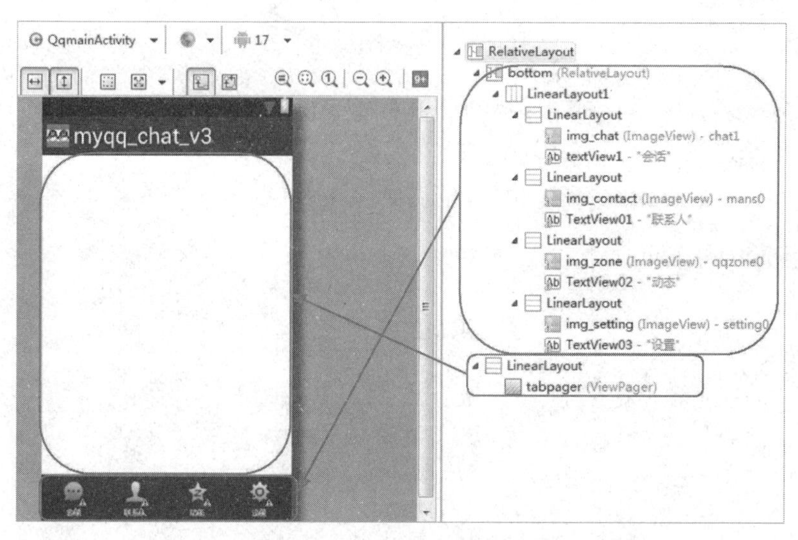

图2-16　QQ主界面的UI和布局方式

\myqq_chat\res\layout\ main_tab_chat.xml

```
<?xml version="1.0" encoding="utf-8"?>
<LinearLayout xmlns:android="http://schemas.android.com/apk/res/android"
    android:layout_width="match_parent"
    android:layout_height="match_parent"
    android:orientation="vertical" >

    <RelativeLayout
        android:id="@+id/RelativeLayout1"
        android:layout_width="match_parent"
        android:layout_height="45dp"
        android:background="@drawable/blue_bg"
        android:orientation="horizontal" >

        <ImageView
            android:id="@+id/imageView1"
            android:layout_width="wrap_content"
            android:layout_height="wrap_content"
            android:layout_alignParentLeft="true"
            android:layout_alignParentTop="true"
            android:layout_margin="5dp"
            android:src="@drawable/sc_friend" />

        <TextView
            android:id="@+id/textView1"
            android:layout_width="wrap_content"
            android:layout_height="wrap_content"
            android:layout_alignParentBottom="false"
            android:layout_alignParentRight="true"
            android:layout_alignParentTop="false"
            android:layout_centerHorizontal="true"
            android:layout_centerInParent="true"
```

```
            android:layout_centerVertical="true"
            android:layout_gravity="center_vertical|center_horizontal"
            android:layout_toRightOf="@+id/imageView1"
            android:gravity="center_horizontal"
            android:text="会话"
            android:textColor="#ffff"
            android:textSize="20sp" />
    </RelativeLayout>

    <LinearLayout
        android:layout_width="match_parent"
        android:layout_height="wrap_content"
        android:layout_marginTop="10dp"
        android:orientation="vertical" >

        <EditText
            android:id="@+id/editText1"
            android:layout_width="match_parent"
            android:layout_height="wrap_content"
            android:background="@drawable/search_bar_edit_bg"
            android:drawableLeft="@drawable/search_bar_icon_normal"
            android:ems="10" />
    </LinearLayout>

    <ScrollView
        android:id="@+id/scrollView1"
        android:layout_width="match_parent"
        android:layout_height="wrap_content"
        android:background="@drawable/blue_bg" >

        <RelativeLayout
            android:layout_width="match_parent"
            android:layout_height="wrap_content"
            android:layout_marginTop="20dp"
            android:background="@color/traffic_bg"
            android:clickable="true"
            android:onClick="startchat" >

            <ImageView
                android:id="@+id/imageView2"
                android:layout_width="wrap_content"
                android:layout_height="wrap_content"
                android:layout_alignParentLeft="true"
                android:layout_alignParentTop="true"
                android:layout_marginLeft="10dp"
                android:src="@drawable/h001" />

            <TextView
                android:id="@+id/textView3"
                android:layout_width="wrap_content"
                android:layout_height="wrap_content"
                android:layout_alignBottom="@+id/imageView2"
```

```
                android:layout_alignLeft="@+id/textView2"
                android:text="安卓很有前途的哦..." />

            <TextView
                android:id="@+id/textView2"
                android:layout_width="wrap_content"
                android:layout_height="wrap_content"
                android:layout_alignParentTop="true"
                android:layout_marginLeft="20dp"
                android:layout_toRightOf="@+id/imageView2"
                android:text="大米群"
                android:textColor="#000" />
        </RelativeLayout>
    </ScrollView>

</LinearLayout>
```

\myqq_chat\res\layout\ main_tab_contact.xml

```
<?xml version="1.0" encoding="utf-8"?>
<LinearLayout xmlns:android="http://schemas.android.com/apk/res/android"
    android:layout_width="match_parent"
    android:layout_height="match_parent"
    android:orientation="vertical" >

    <TextView
        android:layout_width="wrap_content"
        android:layout_height="wrap_content"
        android:text="联系人子视图" />

</LinearLayout>
```

\myqq_chat\res\layout\ main_tab_zone.xml

```
<?xml version="1.0" encoding="utf-8"?>
<LinearLayout xmlns:android="http://schemas.android.com/apk/res/android"
    android:layout_width="match_parent"
    android:layout_height="match_parent"
    android:orientation="vertical" >

    <TextView
        android:layout_width="wrap_content"
        android:layout_height="wrap_content"
        android:text="动态子视图" />

</LinearLayout>
```

\myqq_chat\res\layout\ main_tab_setting.xml

```
<?xml version="1.0" encoding="utf-8"?>
```

```
<LinearLayout xmlns:android="http://schemas.android.com/apk/res/android"
    android:layout_width="match_parent"
    android:layout_height="match_parent"
    android:orientation="vertical" >

    <TextView
        android:layout_width="wrap_content"
        android:layout_height="wrap_content"
        android:text="设置子视图" />

</LinearLayout>
```

会话（main_tab_chat.xml）子页面的UI和布局设计如图2-17所示，其余3个子页面为空白页面，仅仅显示一个页面信息。注意：在会话（main_tab_chat.xml）子页面中，为包含群栏目信息的相对布局添加了一个监听器android:onClick="*startchat*"，当群栏目被单击时，startchat()方法将会启动。

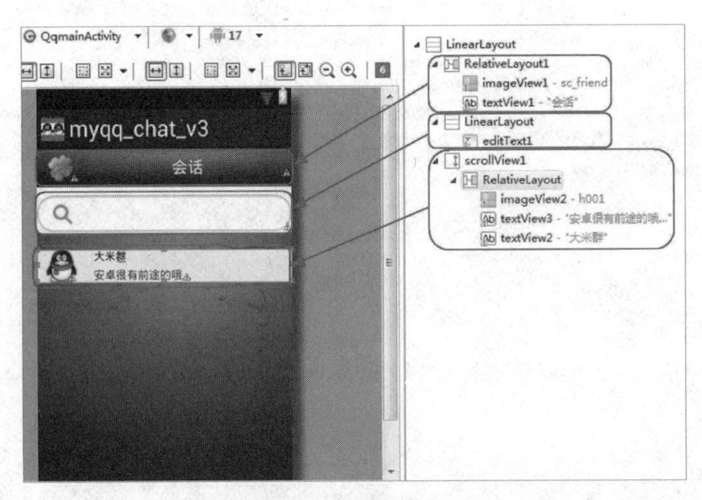

图2-17 会话页面设计

6. 实现QQ主界面

在包资源管理器的\myqq_chat\src\com.qq.Activity\目录上单击鼠标右键，在弹出的快捷菜单中选择New → Class命令，选择父类android.app.Activity，新建一个类文件Qqmainactivity.java，调用上面的布局文件，完成QQ主界面的显示。代码如下。

```
\myqq_chat\src\com.qq.Activity\Qqmainactivity.java

package com.qq.Activity;

import java.util.ArrayList;
import com.qq.Activity.R;
import android.app.Activity;
import android.content.Intent;
```

```
import android.os.Bundle;
import android.support.v4.view.PagerAdapter;
import android.support.v4.view.ViewPager;
import android.view.LayoutInflater;
import android.view.View;
import android.view.Window;
import android.view.WindowManager;
import android.widget.ImageView;

public class QqmainActivity extends Activity {

    /*新建控件变量*/
    private ViewPager mTabPager;
    private ImageView mTab1, mTab2, mTab3, mTab4;

    @Override
    protected void onCreate(Bundle savedInstanceState) {
        //TODO Auto-generated method stub
        super.onCreate(savedInstanceState);
        //视图不需要标题栏
        requestWindowFeature(Window.FEATURE_NO_TITLE);
        setContentView(R.layout.qqmain);

        //启动Activity时不自动弹出软键盘
        getWindow().setSoftInputMode(
                WindowManager.LayoutParams.SOFT_INPUT_STATE_ALWAYS_HIDDEN);

        /*1 新建控件变量，通过控件ID赋值*/
        mTabPager = (ViewPager) findViewById(R.id.tabpager);
        mTab1 = (ImageView) findViewById(R.id.img_chat);
        mTab2 = (ImageView) findViewById(R.id.img_contact);
        mTab3 = (ImageView) findViewById(R.id.img_zone);
        mTab4 = (ImageView) findViewById(R.id.img_setting);

        mTab1.setOnClickListener(new MyOnClickListener(0));
        mTab2.setOnClickListener(new MyOnClickListener(1));
        mTab3.setOnClickListener(new MyOnClickListener(2));
        mTab4.setOnClickListener(new MyOnClickListener(3));

        /*2 新建要分页显示的View，并将View装入数组views中*/
        LayoutInflater mLi = LayoutInflater.from(this);
        View view1 = mLi.inflate(R.layout.main_tab_chat, null);
        View view2 = mLi.inflate(R.layout.main_tab_contact, null);
        View view3 = mLi.inflate(R.layout.main_tab_zone, null);
        View view4 = mLi.inflate(R.layout.main_tab_setting, null);

        final ArrayList<View> views = new ArrayList<View>();
        views.add(view1);
        views.add(view2);
        views.add(view3);
        views.add(view4);

        /* 3 新建ViewPager的数据适配器，完成用户滑动*/
```

```
        PagerAdapter mPagerAdapter = new PagerAdapter() {
            @Override
            public boolean isViewFromObject(View arg0, Object arg1) {
                return arg0 == arg1;
            }

            @Override
            public int getCount() {
                return views.size();
            }

            @Override
            public void destroyItem(View container, int position, Object object) {
                ((ViewPager) container).removeView(views.get(position));
            }

            @Override
            public Object instantiateItem(View container, int position) {
                ((ViewPager) container).addView(views.get(position));
                return views.get(position);
            }
        };

        mTabPager.setAdapter(mPagerAdapter);
    }

    /*4  完成imageview的单击响应功能*/
    public class MyOnClickListener implements View.OnClickListener {
        private int index = 0;

        public MyOnClickListener(int i) {
            index = i;
        }

        @Override
        public void onClick(View v) {
            mTabPager.setCurrentItem(index);
        }
    };

    /*5 完成main_tab_chat子界面中监听事件对应的方法*/
    public void startchat(View v) {
        Intent intent = new Intent (QqmainActivity.this,ChatActivity.class);
        startActivity(intent);
    }
}
```

上述代码完成的功能包括：

- 为页面底部的 4 个图片按钮设置监听器。
- 将 4 个子页面装载到一个数组列表中。

- 为 TabPager 控件设置适配器，导入包含 4 个子页面数据的数组列表，以显示子页面。
- 实现 4 个图片按钮的监听事件，使得按钮按下时页面跳转到对应的子页面。
- 实现 main_tab_chat.xml 页面中监听事件的对应方法 startchat()，当单击 main_tab_chat.xml 页面中的群栏目时，实现视图跳转至群聊视图 ChatActivity。

注意：QqmainActivity 视图类设计完成后，需要在 AndroidManifest.xml 文件中进行注册，代码如下。

```
myqq_chat\ AndroidManifest.xml

......
<application
......
        <activity android:name=".QqmainActivity" >
        </activity>
</application>
......
```

任务 2-2　聊天信息发送及接收模块开发

2.2.1　服务端开发

1. 实现信息发送

新建 D:\xampp\htdocs\myqq 文件夹，在文件夹中新建一个文本文档 sendmsg.php。在 PDT 中打开该文件，输入以下代码。

```
D:\xampp\htdocs\myqq\sendmsg.php

<?php
session_start ();
$response = array ();
include_once ("conn.php");
getConnection ();
//判断是否获得输入参数
if (isset ( $_POST ['send_content'] )) {
    $user_name = $_SESSION ['user_name'];
    $send_content = $_POST ['send_content'];
    //插入数据库
    $result = mysql_query ( "INSERT INTO chat(user_name, chat_content) VALUES('$user_
name', '$send_content')" );

    //判断是否插入成功
    if ($result) {
        //成功插入数据
        $response ["success"] = 1;
```

```
        $response ["message"] = "Product successfully created.";
        //返回JSON参数
        echo json_encode ( $response );
    } else {
        //插入数据失败
        $response ["success"] = 0;
        $response ["message"] = "Oops! An error occurred.";
        //返回JSON参数
        echo json_encode ( $response );
    }
}
closeConnection ();
?>
```

上述代码的功能包括：

- 开启 Session 会话，从预定义变量 $_SESSION 中取出用户名。
- 调用 getConnection() 函数连接数据库。
- 将用户名及该用户发送的信息插入数据库中。
- 返回服务器响应参数。

2. 测试信息发送代码

将文件 sendmsg.php 另存为 sendmsg2.php，将代码中的 POST 替换为 GET，代码如下。

```
D:\xampp\htdocs\myqq\sendmsg2.php

<?php
session_start ();
$response = array ();
include_once ("conn.php");
getConnection ();
//判断是否获得输入参数
if (isset ( $_GET ['send_content'] )) {
    $user_name = $_SESSION ['user_name'];
    $send_content = $_GET ['send_content'];
......
```

在浏览器地址栏中输入“http://localhost/myqq/login2.php?user_name=test&user_passwd=test”，实现用户登录。然后在浏览器地址栏中输入“http://localhost/myqq/sendmsg2.php?send_content=test”，如获取到 JSON 响应“{"success":1,"message":"Product successfully created."}”，则测试成功。

在 PhpMyAdmin 中打开数据库，进行进一步确认，如图 2-18 所示。

	编辑	复制	删除	21	小米	老米你好
	编辑	复制	删除	22	test	test

图2-18 信息发送对应的数据库信息

3．实现信息接收

在 D:\xampp\htdocs\myqq 文件夹中新建一个文本文档 getmsg.php。在 PDT 中打开该文件，输入以下代码。

D:\xampp\htdocs\myqq\getmsg.php

```
<?php
session_start ();
$response = array ();
include_once ("conn.php");
getConnection ();
//检测是否获取到所需的输入值
if (isset ( $_POST ['user_name'] )) {
    $user_name = $_POST ['user_name'];
    //查找最新一条消息
    $MsgSQL = "select * from chat where chat_id = (select max(chat_id) from chat)";
    $resultSet = mysql_query ( $MsgSQL );
    //判断查询是否成功
    if (mysql_num_rows ( $resultSet ) > 0) {
        $Msg = mysql_fetch_array ( $resultSet );
        //判断最新一条信息是否为当前用户
        if ($Msg ['user_name'] != $user_name) {
            $response ["success"] = 1;
            $response ["user_name"] = $Msg ['user_name'];
            $response ["message"] = $Msg ['chat_content'];
            //echoing JSON response
            echo json_encode ( $response );
        } else {
            $response ["success"] = 0;
            $response ["message"] = "No new messages";
            //返回JSON响应
            echo json_encode ( $response );
        }
    } else {
        $response ["success"] = 0;
        $response ["message"] = "Error connect";
        //返回JSON响应
        echo json_encode ( $response );
    }
}

closeConnection ();
?>
```

上述代码的功能包括：

- 开启 Session 会话。
- 获取用户名。
- 调用 getConnection() 函数连接数据库。
- 查找数据库中新添加的非该用户发送的信息。

- 返回服务器响应参数。
- 该代码查找最新一条聊天记录。由于主键chat_id设置了自动增长，则ID最大的项为最新项。若该项聊天记录并非属于当前用户，则将聊天内容作为服务器响应参数返回客户端。

4. 测试信息接收代码

将文件getmsg.php另存为getmsg2.php，将代码中的POST替换为GET，代码如下。

```
D:\xampp\htdocs\myqq\getmsg2.php

<?php
session_start ();
$response = array ();
include_once ("conn.php");
getConnection ();
//检测是否获取到所需的输入值
if (isset ( $_GET ['user_name'] )) {
    $user_name = $_GET ['user_name'];
......
```

在浏览器地址栏中输入“http://localhost/myqq/getmsg2.php?user_name=123”，则应获取到JSON响应“{"success":1,"user_name":"test","message":"test"}”。

在浏览器中输入“http://localhost/myqq/getmsg2.php?user_name=test”，则应获取到JSON响应“{"success":0,"message":"No new messages"}”。

2.2.2 客户端开发

1. 群聊页面布局设计

在包资源管理器的\myqq_chat\res\layout\目录上单击鼠标右键，在弹出的快捷菜单中选择New → Android XML File命令，新建一个布局文件chat_laomi.xml，代码如下。

```
\myqq_chat\res\layout\ chat_laomi.xml

<?xml version="1.0" encoding="utf-8"?>
<LinearLayout xmlns:android="http://schemas.android.com/apk/res/android"
    android:layout_width="match_parent"
    android:layout_height="match_parent"
    android:background="@drawable/blue_bg"
    android:orientation="vertical" >

    <RelativeLayout
        android:layout_width="match_parent"
        android:layout_height="46dp"
        android:background="@drawable/blue_bg" >

        <Button
```

```
            android:id="@+id/button1"
            android:layout_width="wrap_content"
            android:layout_height="wrap_content"
            android:layout_alignParentLeft="true"
            android:layout_alignParentTop="true"
            android:background="@drawable/title_btn_back"
            android:text="返回" />

        <TextView
            android:id="@+id/textView1"
            android:layout_width="wrap_content"
            android:layout_height="wrap_content"
            android:layout_centerInParent="true"
            android:layout_centerVertical="true"
            android:layout_marginLeft="30dp"
            android:text="大米群"
            android:textColor="#fff"
            android:textSize="20dp" />

        <ImageButton
            android:id="@+id/imageButton1"
            android:layout_width="wrap_content"
            android:layout_height="wrap_content"
            android:layout_alignParentBottom="true"
            android:layout_alignParentRight="true"
            android:background="@drawable/title_btn_right"
            android:src="@drawable/title_more" />
    </RelativeLayout>

    <LinearLayout
        android:layout_width="match_parent"
        android:layout_height="326dp"
        android:layout_weight="0.52" >

        <ListView
            android:id="@+id/listView1"
            android:layout_width="match_parent"
            android:layout_height="match_parent" >
        </ListView>
    </LinearLayout>

    <RelativeLayout
        android:layout_width="match_parent"
        android:layout_height="19dp"
        android:layout_weight="0.61" >

        <EditText
            android:id="@+id/editText1"
            android:layout_width="wrap_content"
            android:layout_height="fill_parent"
            android:layout_toLeftOf="@+id/button3"
            android:background="@drawable/login_edit_normal"
            android:ems="10"
```

```
            android:height="10dp" >

            <requestFocus />
        </EditText>

        <Button
            android:id="@+id/button2"
            android:layout_width="wrap_content"
            android:layout_height="wrap_content"
            android:layout_alignParentRight="true"
            android:layout_alignParentTop="true"
            android:layout_marginRight="10dp"
            android:layout_toRightOf="@+id/editText1"
            android:background="@drawable/chat_send_btn"
            android:text="发送" />

    </RelativeLayout>

</LinearLayout>
```

用户在单击 QQ 主界面中的群栏目后，进入群聊视图 ChatActivity，该视图调用群聊页面（chat_laomi.xml）进行显示。群聊页面的 UI 和布局方式如图 2-19 所示。主界面整体采用线性布局的方式;布局包含一个“返回”按钮控件、一个“发送”按钮控件、一个编辑框控件和一个 ListView 控件。

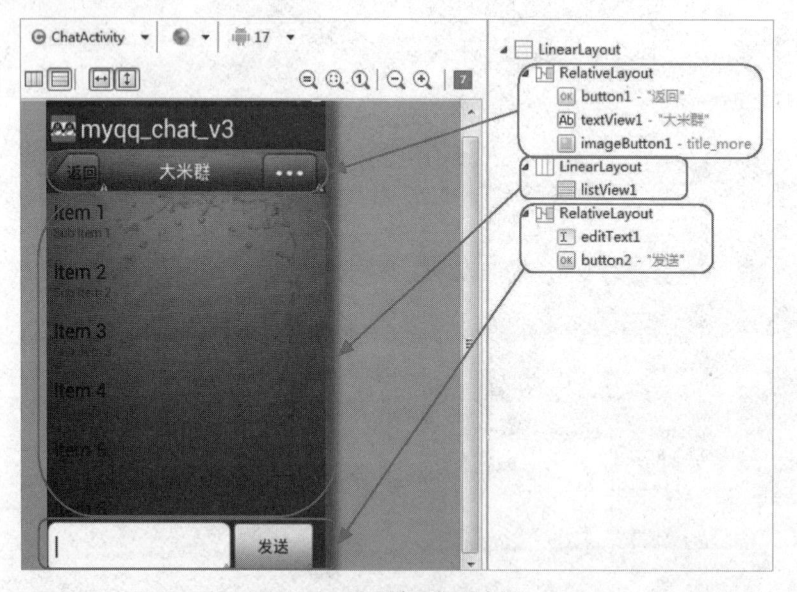

图2-19 QQ聊天视图布局

聊天信息在 ListView 控件中显示。需要为 ListView 创建两个布局文件，分别用于显示发送的信息和接收的信息。

在包资源管理器的 \myqq_chat\res\layout\ 目录上单击鼠标右键，在弹出的快捷菜单中选择 New → Android XML File 命令，新建一个布局文件 chatting_item_msg_text_left.xml，用于接收信息的显示，代码如下。

\myqq_chat\res\layout\chatting_item_msg_text_left.xml

```
<?xml version="1.0" encoding="utf-8"?>
<LinearLayout xmlns:android="http://schemas.android.com/apk/res/android"
        android:layout_width="fill_parent"
        android:layout_height="wrap_content"
        android:orientation="vertical"
        android:padding="6dp">

        <RelativeLayout
            android:layout_width="fill_parent"
            android:layout_height="wrap_content"
            android:layout_marginTop="5dp"
            android:layout_marginLeft="5dp" >

                <ImageView
                    android:id="@+id/iv_userhead"
                    android:layout_width="52dp"
                    android:layout_height="52dp"
                    android:layout_alignParentLeft="true"
                    android:layout_alignParentTop="true"
                    android:background="@drawable/h001"
                    android:clickable="true"
                    android:onClick="head_niuniu" />

                <TextView
                android:id="@+id/tv_chatcontent"
                android:layout_toRightOf="@id/iv_userhead"
                android:layout_marginLeft="10dp"
                android:layout_width="wrap_content"
                android:layout_height="wrap_content"
                android:background="@drawable/chatfrom_bg"
                  style="@style/chat_content_date_style"/>


                <TextView
                android:id="@+id/tv_username"
                android:layout_width="wrap_content"
                android:layout_height="wrap_content"
                android:layout_below="@id/iv_userhead"
                android:layout_alignParentLeft="true"
                android:layout_toLeftOf="@id/tv_chatcontent"
                style="@style/chat_text_name_style"/>

        </RelativeLayout>

</LinearLayout>
```

接收信息的布局结构如图 2-20 所示。

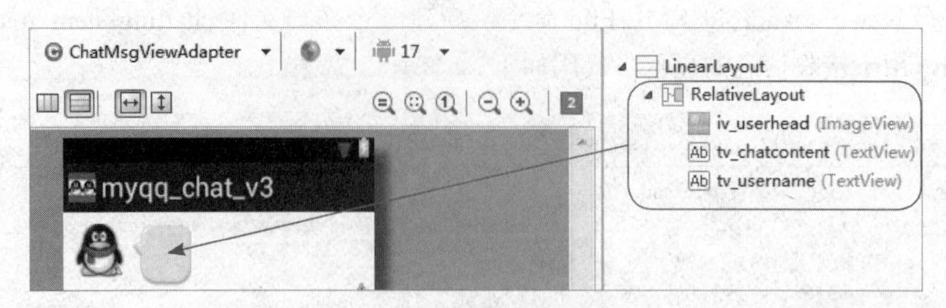

图2-20　QQ信息接收布局

在包资源管理器的 \myqq_chat\res\layout\ 目录上单击鼠标右键，在弹出的快捷菜单中选择 New → Android XML File 命令，新建一个布局文件 chatting_item_msg_text_right.xml，用于发送信息的显示，代码如下。

```
\myqq_chat\res\layout\chatting_item_msg_text_right.xml

<?xml version="1.0" encoding="utf-8"?>
<LinearLayout xmlns:android="http://schemas.android.com/apk/res/android"
        android:layout_width="fill_parent"
        android:layout_height="wrap_content"
        android:orientation="vertical"
        android:padding="6dp" >

        <RelativeLayout
            android:layout_width="fill_parent"
            android:layout_height="wrap_content"
            android:layout_marginTop="5dp"
            android:layout_marginRight="5dp" >

               <ImageView
               android:id="@+id/iv_userhead"
               android:layout_width="52dp"
               android:layout_height="52dp"
               android:focusable="false"
               android:layout_alignParentRight="true"
               android:layout_alignParentTop="true"
               android:background="@drawable/chat1"/>

                <TextView
                android:id="@+id/tv_chatcontent"
                android:layout_toLeftOf="@id/iv_userhead"
                android:layout_marginRight="10dp"
                android:layout_width="wrap_content"
                android:layout_height="wrap_content"
                android:background="@drawable/chatto_bg"
                android:textSize="15sp"
                android:textColor="#ff000000"
                android:gravity="left|center"
                android:minHeight="50dp"
                android:lineSpacingExtra="2dp"
```

```
            android:clickable="true"
            android:focusable="true"/>


            <TextView
            android:id="@+id/tv_username"
            android:layout_width="wrap_content"
            android:layout_height="wrap_content"
            android:layout_below="@id/iv_userhead"
            android:layout_alignParentRight="true"
            android:layout_toRightOf="@id/tv_chatcontent"
            android:textSize="15sp"
            android:gravity="center"
            android:textColor="#818181"/>

        </RelativeLayout>

</LinearLayout>
```

发送信息的布局结构如图 2-21 所示。

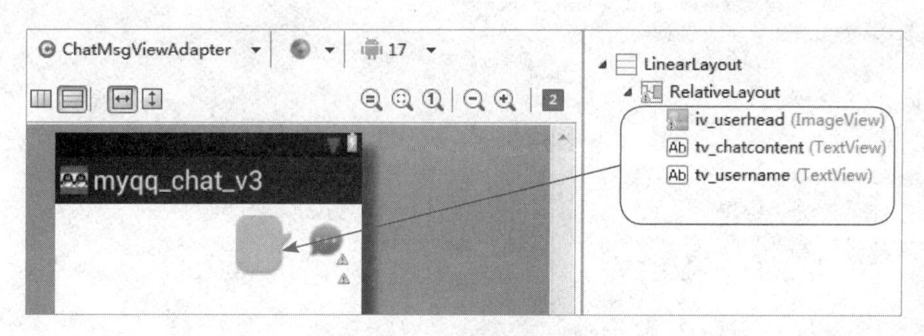

图2-21　QQ信息发送布局

2. 创建信息封装类

在包资源管理器的 \myqq_chat\src\com.qq.Activity\ 目录上单击鼠标右键，在弹出的快捷菜单中选择 New → Class 命令，新建一个类文件 ChatMsgEntity.java，用于聊天信息的保存与获取，代码如下。

```
\myqq_vchat\src\com.qq.Activity\ChatMsgEntity.java
package com.qq.Activity;

public class ChatMsgEntity {

    private String name;

    private String text;

    private boolean isComMeg = true;
```

```
    public String getName() {
        return name;
    }

    public void setName(String name) {
        this.name = name;
    }

    public String getText() {
        return text;
    }

    public void setText(String text) {
        this.text = text;
    }

    public boolean getMsgType() {
        return isComMeg;
    }

    public void setMsgType(boolean isComMsg) {
        isComMeg = isComMsg;
    }

    public ChatMsgEntity() {
    }

    public ChatMsgEntity(String name, String date, String text, boolean isComMsg) {
        super();
        this.name = name;
        this.text = text;
        this.isComMeg = isComMsg;
    }

}
```

上述代码的功能包括：

- 创建 3 个成员变量 name、text、isComMeg，分别对应信息对应的用户、信息的内容，以及信息的类型是发送还是接收。
- 创建对应这些成员变量的保存与获取方法。

3．创建信息显示适配器

在包资源管理器的 \myqq_chat\src\com.qq.Activity\ 目录上单击鼠标右键，在弹出的快捷菜单中选择 New → Class 命令，选择父类 android.widget.BaseAdapter，新建一个类文件 ChatMsgViewAdapter.java，作为群聊页面中 ListView 控件的显示适配器。代码如下。

\myqq_chat\src\com.qq.Activity\ChatMsgViewAdapter.java

```
package com.qq.Activity;
```

```
import java.util.List;
import com.qq.Activity.R;
import android.content.Context;
import android.view.LayoutInflater;
import android.view.View;
import android.view.ViewGroup;
import android.widget.BaseAdapter;
import android.widget.TextView;

public class ChatMsgViewAdapter extends BaseAdapter {
    public static interface IMsgViewType {
        //将信息显示状态初始化为发送的信息
        int IMVT_COM_MSG = 0;
        int IMVT_TO_MSG = 1;
    }

    private List<ChatMsgEntity> coll;

    private Context ctx;

    private LayoutInflater mInflater;

    public ChatMsgViewAdapter(Context context, List<ChatMsgEntity> coll) {
        ctx = context;
        this.coll = coll;
        mInflater = LayoutInflater.from(context);
    }

    @Override
    public int getCount() {
        //TODO Auto-generated method stub
        return coll.size();

    }

    @Override
    public Object getItem(int position) {
        //TODO Auto-generated method stub
        return coll.get(position);
    }

    @Override
    public long getItemId(int position) {
        //TODO Auto-generated method stub
        return position;
    }

    public int getItemViewType(int position) {
        //TODO Auto-generated method stub
        ChatMsgEntity entity = coll.get(position);

        if (entity.getMsgType()) {
```

```
            return IMsgViewType.IMVT_COM_MSG;
        } else {
            return IMsgViewType.IMVT_TO_MSG;
        }
    }

    public int getViewTypeCount() {
        //TODO Auto-generated method stub
        return 2;
    }

    public View getView(int position, View convertView, ViewGroup parent) {

        ChatMsgEntity entity = coll.get(position);
        boolean isComMsg = entity.getMsgType();

        ViewHolder viewHolder = null;
        if (convertView == null) {
            //如果当前信息为接收的信息，则使用chatting_item_msg_text_left进行显示
            //否则，使用chatting_item_msg_text_right进行显示
            if (isComMsg) {
                convertView = mInflater.inflate(
                        R.layout.chatting_item_msg_text_left, null);
            } else {
                convertView = mInflater.inflate(
                        R.layout.chatting_item_msg_text_right, null);
            }

            viewHolder = new ViewHolder();
            viewHolder.tvUserName = (TextView) convertView
                    .findViewById(R.id.tv_username);
            viewHolder.tvContent = (TextView) convertView
                    .findViewById(R.id.tv_chatcontent);
            viewHolder.isComMsg = isComMsg;

            convertView.setTag(viewHolder);
        } else {
            viewHolder = (ViewHolder) convertView.getTag();
        }

        viewHolder.tvUserName.setText(entity.getName());
        viewHolder.tvContent.setText(entity.getText());

        return convertView;
    }

    static class ViewHolder {
        public TextView tvUserName;
        public TextView tvContent;
        public boolean isComMsg = true;
    }

}
```

上述代码的功能包括：

- 获取群聊视图 ChatActivity 中传来的聊天信息相关数据。
- 如果当前信息为接收的信息，则使用 chatting_item_msg_text_left 进行显示；否则，使用 chatting_item_msg_text_right 进行显示。

4．实现群聊功能

在包资源管理器的 \myqq_chat\src\com.qq.Activity\ 目录上单击鼠标右键，在弹出的快捷菜单中选择 New → Class 命令，选择父类 android.app.Activity，新建一个类文件 ChatActivity.java，实现 QQ 群聊功能。代码如下。

\myqq_chat\src\com.qq.Activity\ChatActivity.java

```
package com.qq.Activity;

import java.util.ArrayList;
import java.util.List;
import org.apache.http.NameValuePair;
import org.apache.http.message.BasicNameValuePair;
import org.json.JSONException;
import org.json.JSONObject;
import com.qq.Activity.R;
import android.app.Activity;
import android.os.AsyncTask;
import android.os.Bundle;
import android.util.Log;
import android.view.View;
import android.view.Window;
import android.view.WindowManager;
import android.view.View.OnClickListener;
import android.widget.Button;
import android.widget.EditText;
import android.widget.ListView;
import android.widget.TextView;
import android.widget.Toast;

public class ChatActivity extends Activity implements OnClickListener {
    private Button mBtnSend;
    private Button mBtnBack;
    private TextView mTextView;
    private EditText mEditTextContent;
    private ListView mListView;
    private ChatMsgViewAdapter mAdapter;
    private List<ChatMsgEntity> mDataArrays = new ArrayList<ChatMsgEntity>();
    JSONParser jsonParser = new JSONParser();
    private String jsonData;                //服务器返回值
    private String message;                 //服务器返回值
    private String tempMessage = "";        //保留上一条信息
    private int success;                    //服务器返回值
    private String far_user_name;           //服务器返回值
    private String send_content;            //发送的信息
```

```
//发送信息地址
private static String url_sendmsg = MainActivity.BaseURL + "sendmsg.php";
//接收信息地址
private static String url_getmsg = MainActivity.BaseURL + "getmsg.php";

@Override
protected void onCreate(Bundle savedInstanceState) {
    //TODO Auto-generated method stub
    super.onCreate(savedInstanceState);

    requestWindowFeature(Window.FEATURE_NO_TITLE);

    setContentView(R.layout.chat_laomi);

    //启动Activity时不自动弹出软键盘
    getWindow().setSoftInputMode(
            WindowManager.LayoutParams.SOFT_INPUT_STATE_ALWAYS_HIDDEN);

    initView();

    initData();

    //声明一个线程，它将无限循环
    Thread thread = new Thread(myRun);
    //开始异步执行
    thread.start();
}

public void initView() {
    mTextView = (TextView) findViewById(R.id.textView1);
    mTextView.setText(MainActivity.user_name);
    mListView = (ListView) findViewById(R.id.listView1);
    mBtnSend = (Button) findViewById(R.id.button2);
    mBtnSend.setOnClickListener(this);
    mBtnBack = (Button) findViewById(R.id.button1);
    mBtnBack.setOnClickListener(this);

    mEditTextContent = (EditText) findViewById(R.id.editText1);
}

@Override
public void onClick(View v) {
    //TODO Auto-generated method stub
    switch (v.getId()) {
    case R.id.button2:
        sendMsg(); //发送信息
        break;
    case R.id.button1:
        finish(); //返回上一页
        break;
    }
}
```

```
//发送信息
private void sendMsg() {
    String contString = mEditTextContent.getText().toString();
    if (contString.length() > 0) {
        send_content = contString;
        ChatMsgEntity entity = new ChatMsgEntity();
        entity.setName(MainActivity.user_name);
        entity.setMsgType(false);
        entity.setText(contString);
        //本地显示
        mDataArrays.add(entity);
        mAdapter.notifyDataSetChanged();
        mEditTextContent.setText("");
        mListView.setSelection(mListView.getCount() - 1);
        //发送到服务器
        new SendMsg().execute();

    }
}

//接收信息
private void getMsg() {
    //查询数据库
    new GetMsg().execute();

}

//聊天视图初始化
private String[] msgArray = new String[] { "安卓很有前途呦", };

public void initData() {

    ChatMsgEntity entity = new ChatMsgEntity();
    entity.setName("大米群");
    entity.setMsgType(true);

    entity.setText(msgArray[0]);
    mDataArrays.add(entity);
    mAdapter = new ChatMsgViewAdapter(this, mDataArrays);
    mListView.setAdapter(mAdapter);

}

/**
 * QQ发送信息的后台异步任务
 * */
class SendMsg extends AsyncTask<String, String, String> {
    /**
     * 异步任务前处理函数
     * */
    @Override
    protected void onPreExecute() {
```

```
            super.onPreExecute();
        }

        /**
         * 开始后台异步执行HTTP连接
         * */
        protected String doInBackground(String... args) {
            //设置发送JSON参数
            List<NameValuePair> params = new ArrayList<NameValuePair>();
            params.add(new BasicNameValuePair("send_content", send_content));
            //发送JSON参数，以POST方法连接服务器URL
            //获取返回JSON对象
            try {
                jsonData = jsonParser.makeHttpRequest(url_sendmsg, "POST",
                        params);
            } catch (Exception e) {
                e.printStackTrace();
            }

            //JSON对象解析
            try {
                JSONObject jsonObject = new JSONObject(jsonData);

                message = jsonObject.getString("message");
                success = jsonObject.getInt("success");

            } catch (JSONException e) {
                Log.e("log_tag", "Error parsing data " + e.toString());
            }

            //返回
            return null;
        }

        /**
         * 异步任务结束后，显示服务器返回码
         * **/
        protected void onPostExecute(String file_url) {
            String str = "" + success;
            Toast toast = Toast.makeText(getApplicationContext(), "返回码=" + str
                    + " : " + message, Toast.LENGTH_LONG);
            toast.show();

        }
    }

    /**
     * QQ接收信息的后台异步任务
     * */
    class GetMsg extends AsyncTask<String, String, String> {
        /**
         * 前处理函数
```

```
 * */
@Override
protected void onPreExecute() {
    super.onPreExecute();
}

/**
 * 开始异步任务
 * */
protected String doInBackground(String... args) {
    //设置发送JSON参数
    List<NameValuePair> params = new ArrayList<NameValuePair>();
    params.add(new BasicNameValuePair("user_name",
            MainActivity.user_name));
    //发送JSON参数，以POST方法连接服务器URL
    //获取返回JSON对象
    try {
        jsonData = jsonParser.makeHttpRequest(url_getmsg, "POST",
                params);
    } catch (Exception e) {
        e.printStackTrace();
    }

    //JSON对象解析
    try {
        JSONObject jsonObject = new JSONObject(jsonData);

        message = jsonObject.getString("message");
        success = jsonObject.getInt("success");
        far_user_name = jsonObject.getString("user_name");

    } catch (JSONException e) {
        Log.e("log_tag", "Error parsing data " + e.toString());
    }

    //返回
    return null;
}

/**
 * 异步任务结束后，在本地显示从服务器获取到的聊天信息
 * **/
protected void onPostExecute(String file_url) {
    String str = "" + success;
    Toast toast = Toast.makeText(getApplicationContext(), "返回码=" + str
            + " : " + message, Toast.LENGTH_LONG);
    toast.show();
    Log.d("tempMessage=", tempMessage);
    Log.d("message=", message);
    if (success == 1 && tempMessage.equals(message) == false) {
        tempMessage = message;
        String contString = message;
```

```
                if (contString.length() > 0) {
                    ChatMsgEntity entity = new ChatMsgEntity();
                    entity.setName(far_user_name);
                    entity.setMsgType(true);
                    entity.setText(contString);
                    //本地显示
                    mDataArrays.add(entity);
                    mAdapter.notifyDataSetChanged();
                    mEditTextContent.setText("");
                    mListView.setSelection(mListView.getCount() - 1);
                }
            }
        }
    }

    //一个异步线程
    Runnable myRun = new Runnable() {
        @Override
        public void run() {
            while (true) {
                try {
                    //放慢速度
                    Thread.sleep(3000);
                } catch (InterruptedException e) {
                    e.printStackTrace();
                }
                //查询数据库
                new GetMsg().execute();
                try {
                    //放慢速度
                    Thread.sleep(15000);
                } catch (InterruptedException e) {
                    e.printStackTrace();
                }
            }
        }
    };
}
```

上述代码的功能包括：

- 调用 chat_laomi.xml 布局文件显示群聊界面。
- 绑定 chat_laomi.xml 中的 ListView 控件与 ChatMsgViewAdapter 适配器，将聊天信息存入 ChatMsgEntity 类的一个实例中，传递给 ChatMsgViewAdapter 适配器，实现聊天信息的显示。
- 建立一个 SendMsg 内部类，以后台异步任务的方式执行聊天信息发送功能，调用 JSONParser 类的 makeHttpRequest() 方法，将发送信息的 URL 及相关参数传递给 JSONParser 类，将 makeHttpRequest() 方法的返回值进行解析，获取服务器的执行结果，若服务器返回“success=1”，则表示信息发送成功。该操作中，客户端与服务器的 JSON 协议如表 2-5 所示。

表2-5　信息发送JSON参数表

请求	URL	客户端请求参数	服务器响应参数

发送信息	/sendmsg.php	send_content=xxx　//用户发送的信息	success=1 //操作成功
			success=0 //操作失败
			message=xxx //响应信息

- 建立一个 GetMsg 内部类，以后台异步任务的方式执行聊天信息接收功能，调用 JSONParser 类的 makeHttpRequest() 方法，将注册的 URL 及相关参数传递给 JSONParser 类，将 makeHttpRequest() 方法的返回值进行解析，获取服务器的执行结果，若服务器返回“success=1”，则表示信息接收成功。信息接收成功后，将相关信息存入 ChatMsgEntity 类的实例中，包括信息内容、信息对应的用户，以及将信息类型设置为接收的信息。该操作中，客户端与服务器的 JSON 协议如表 2-6 所示。

表2-6　信息接收JSON参数表

请求	URL	客户端请求参数	服务器响应参数

信息接收	/getmsg.php	user_name=xxx　//发出请求的用户名	success=1 //操作成功
			success=0 //操作失败
			message=xxx //接收到的聊天信息
			user_name=xxx//聊天信息对应的用户名

- 用户单击“发送”按钮，以异步任务的方式执行 SendMsg 类。
- 创建一个异步线程 myRun，每间隔 18 秒以异步任务的方式执行 GetMsg 类。
- 用户单击“返回”按钮，销毁当前页面，返回上一页。

注意：ChatActivity 视图类设计完成后，需要在 AndroidManifest.xml 中进行注册，代码如下。

```
myqq_chat\ AndroidManifest.xml
......
<application
......
        <activity android:name=".ChatActivity" >
        </activity>
</application>
......
```

2.2.3　测试

代码编写完成后，需用真机在局域网环境中进行测试，以确保项目在真实环境中是可行的。

（1）将手机与计算机接入同一个局域网子网。

（2）使用数据线连接手机与计算机，将安卓项目发布到手机上。

（3）如果注册与登录界面在手机上可正常显示，则在用户名与密码中输入任意值并单击“注册”按钮，同时打开phpMyAdmin观察数据库，如果刚才输入的用户名出现在数据库中，则说明客户端与服务端通信成功。

相关知识点与课后题

1. 知识点

1）PHP简介

① PHP的含义

PHP是Hypertext Preprocessor的缩写，意为超文本预处理语言，它是一种在服务器端执行的嵌入HTML文档的脚本语言，语言的风格类似于C语言，应用广泛。PHP目前的开发和商业化由Zend公司负责。

② PHP的优势

PHP发展到今天，具备了很多优势：

- 易学好用。
- 免费开源。
- 良好的可扩展性。
- 平台无关性（跨平台）。
- 功能全面，几乎涵盖了Web系统所需的一切功能，如图形处理、编/解码、压缩文件处理、XML解析、HTTP身份认证、Session和Cookie等操作。

③ PHP国内使用情况

据PHPChina资料统计，在中国排名前200的网站中，61%采用了LAMP（Linux+Apache+MySQL+PHP）技术，包括所有门户网站，如新浪、雅虎、TOM、搜狐、网易、腾讯等。

2）PHP工作架构与流程

① PHP工作架构

PHP工作架构如图2-22所示。互联网用户通过终端设备如PC、手机等访问Web服务器，Web服务器调用服务器上的PHP程序进行数据库存取及文件存取等操作，然后把操作结果返回给用户终端。

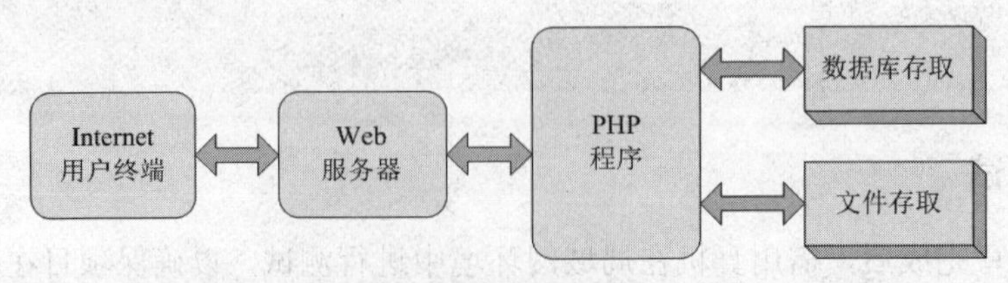

图2-22 PHP工作架构

② PHP工作流程

PHP工作流程如图2-23所示。互联网用户通过终端设备如PC、手机等访问Web

服务器，Web 服务器对用户访问的内容进行判断，如果访问内容为静态页面，则直接返回访问内容；如果访问内容为动态页面，则通过调用 PHP 程序，将动态内容处理为静态页面，然后返回用户终端。

下面给出一些简单的概念解释。

- **Web 服务器**：Web 服务器（Web Server）也称为 WWW（World Wide Web）服务器，其功能是解析 HTTP。当 Web 服务器接收到浏览器的一个 HTTP 动态请求时，它会调用与请求对应的程序，程序经 PHP 预处理器解释执行后，Web 服务器向浏览器返回 HTTP 响应，该响应通常是一个 HTML 页面。浏览器接收到该 HTTP 响应后，将执行结果显示在浏览器或进行其他处理。常见的 Web 服务器有微软的 Internet Information Server（IIS）服务器、IBM 的 WebSphere 服务器、开源的 Apache 服务器等。其中 Apache 具有免费、速度快且性能稳定等特点，已成为目前最为流行的 Web 服务器。

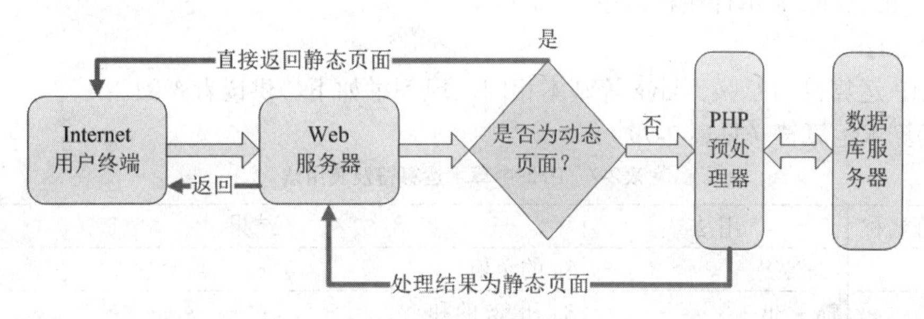

图2-23　PHP工作流程

- **数据库服务器**：数据库服务器（Database Server）是一套为应用程序提供数据管理服务的软件，这些服务包括数据管理服务（例如数据的添加、删除、修改、查询）、事务管理服务、索引服务、高速缓存服务、查询优化服务、安全及多用户存取控制服务等。常见的数据库服务器有甲骨文的 Oracle、微软的 SQL Server、IBM 的 DB2、SAP 的 Sybase 及 SUN 公司的 MySQL。由于 MySQL 具有体积小、速度快、免费等特点，许多中小型 Web 系统选择 MySQL 作为数据库服务器。
- **PHP 预处理器**：PHP 预处理器（PHP Preprocessor）的功能是将 PHP 程序中的 PHP 代码解释为文本信息，这些文本信息中可以包含 HTML 代码。
- **HTML**：HTML 是网页的静态内容，这些静态内容由 HTML 标记产生，Web 浏览器识别这些 HTML 标记并解释执行。例如 Web 浏览器识别 HTML 标记“
”，将“
”标记解析为一个换行。在 PHP 程序开发过程中，HTML 主要负责页面的互动、布局和美观。

③客户端 / 服务器模式（C/S）

C/S 是 Client/Server 的缩写。客户端需要安装专用的客户端软件，如 QQ 聊天、微博、天猫手机版等。

④浏览器 / 服务器模式（B/S）

B/S 是 Browser/Server 的缩写，客户端只需安装一个浏览器，如 Internet Explorer。

3）PHP 基本语法

① PHP 开始标记与结束标记

- 开始标记“<?php”和结束标记“?>”，如本例。
- 开始标记“<script language=”php”>”和结束标记“</script>”。
- 开始标记“<?”和结束标记“?>”。
- 开始标记“<%”和结束标记“%>”。

② PHP 注释

PHP 支持如下 3 种注释风格。

- 第一种：/* 多行注释风格 */。
- 第二种：// 单行注释风格。
- 第三种：# 单行注释风格。

4）PHP 运算符

PHP 运算符与 C++、Java 等基本相同，现列举如下，供读者查阅。

①算术运算符（见表 2-7）

表2-7　PHP中算术运算符及其用法

运算符名称	用法	结果
取反	-$a	$a 的负值
加法	$a + $b	$a 和 $b 的和
减法	$a - $b	$a 和 $b 的差
乘法	$a * $b	$a 和 $b 的积
除法	$a / $b	$a 除以 $b 的商
取余	$a % $b	$a 除以 $b 的余数

②赋值运算符

赋值运算符“=”是将“=”右边表达式的值赋给左边的变量。赋值运算符产生的表达式为赋值表达式，该表达式的值为“=”左边的变量值。

③比较运算符（见表 2-8）

表2-8　PHP中比较运算符及其用法

运算符名称	用法	比较结果
等于	$a == $b（注意是两个等号）	如果$a与$b的值相等，结果为TRUE；否则为FALSE
全等	$a === $b（注意是3个等号）	如果$a与$b的值相等，且它们的类型也相同，结果为TRUE；否则为FALSE
不等	$a != $b	如果$a与$b的值不相等，结果为TRUE；否则为FALSE
	$a <> $b	
非全等	$a !== $b（注意是两个等号）	如果$a与$b的值不相等，或者它们的数据类型不同，结果为TRUE；否则为FALSE

续表

运算符名称	用法	比较结果
小于	$a < $b	如果 $a的值小于 $b的值，结果为TRUE；否则为FALSE
大于	$a > $b	如果 $a的值大于 $b的值，结果为TRUE；否则为FALSE
小于等于	$a <= $b	如果 $a的值小于等于 $b的值，结果为TRUE；否则为FALSE
大于等于	$a >= $b	如果 $a的值大于等于$b的值，结果为TRUE；否则为FALSE

④逻辑运算符（见表 2-9）

表2-9　PHP中逻辑运算符及其用法

运算符名称	用法	结果
逻辑与	$a && $b	如果$a与$b的值都为TRUE，结果为TRUE；否则为FALSE
	$a and $b	
逻辑或	$a || $b	如果$a与$b的值有一个为TRUE，结果为TRUE；否则为FALSE
	$a or $b	
逻辑非	! $a	如果$a的值为TRUE，结果为FALSE；否则为TRUE
逻辑异或	$a xor $b	如果$a与$b的值中只有一个值为TRUE，结果为TRUE；否则为FALSE

⑤字符串连接运算符

字符串连接运算符只有一个点运算符“.”，使用“.”运算符可以将两个字符串连接成一个字符串。

⑥条件运算符

条件运算符的语法格式为：

```
表达式1?表达式2:表达式3
```

由条件运算符组成的表达式称为条件表达式。条件表达式的执行过程为：如果表达式 1 的值为 TRUE，则整个条件表达式的值为表达式 2 的值；如果表达式 1 的值为 FALSE，则整个条件表达式的值为表达式 3 的值。条件运算符中有 3 个操作数，因此条件运算符为三目运算符。

5）PHP 自定义函数

①自定义函数的定义

在 PHP 中，定义自定义函数的语法格式为：

```
function functionName($param1, $param2, $param3,…$paramn=defaultValue){
    函数体;
    return 返回值;
}
```

本例中定义了两个无输入参数、无返回值的函数，用于连接和关闭数据库。

```
D:\xampp\htdocs\myqq\conn.php

<?php
$database_connection = null;
function get_connection(){
    $hostname = "localhost";                //数据库服务器主机名，可以用IP代替
    $database = "myqq";                     //数据库名
    $username = "root";                     //数据库服务器用户名
    $password = "passwd";                   //数据库服务器密码
    global $database_connection;
    $database_connection = @mysql_connect($hostname, $username, $password) or die(mysql_
error());                                   //连接数据库服务器
    mysql_query("set names 'gbk'");         //设置字符集
    @mysql_select_db($database, $database_connection) or die(mysql_error());
}
function close_connection(){
    global $database_connection;
    if($database_connection){
        mysql_close($database_connection) or die(mysql_error());
    }
}
?>
```

②自定义函数的调用

当函数的定义和函数的调用位于不同的PHP文件时，需要使用include（include_once）或require语言结构（require_once）引用函数定义所在的PHP文件，这个过程称为函数的声明。当函数的定义和函数的调用位于同一个PHP文件时，可直接调用自定义函数。

require语言结构的语法格式及功能与include相同，只不过二者之间存在着细微的区别。在错误处理方面：使用include语言结构，如果被引用文件发生错误或不能找到被引用文件，引用文件将提示Warning信息，然后继续执行下面的语句；使用require语言结构，如果被引用文件发生错误或不能找到被引用文件，引用文件将提示Warning信息及Fatal error致命错误信息，然后终止程序运行。

include_once和require_once语言结构分别对应于include和require语言结构，使用include_once和require_once语言结构可以有效避免多次引用同一个PHP文件而引起函数或变量的重复定义问题的发生。

本例中，采用include_once语言结构调用另一个PHP文件中的函数。

```
D:\xampp\htdocs\myqq\register.php

<?php
session_start ();                       //启动PHP会话
$response = array ();                   //定义JSON响应数组
include_once ("conn.php");              //连接数据库
getConnection ();
......
closeConnection ();                     //关闭连接
?>
```

6）PHP 与 MySQL 数据库

①连接 MySQL 服务器

PHP 中连接 MySQL 数据库服务器最简单的函数是 mysql_connect()，其语法格式如下：

```
resource mysql_connect (string hostname, string username, string password);
```

函数功能：通过 PHP 程序连接 MySQL 数据库服务器。如果成功连接，则返回一个 MySQL 服务器连接标识（link_identifier）；否则返回 FALSE。

本例中连接数据库的操作如下，其中 @ 符号用于抑制警告，保持页面美观。

```
D:\xampp\htdocs\myqq\conn.php

<?php
$database_connection = null;
function get_connection(){
    $hostname = "localhost";        //数据库服务器主机名，可以用IP代替
    $database = "myqq";             //数据库名
    $username = "root";             //数据库服务器用户名
    $password = "passwd";           //数据库服务器密码
    global $database_connection;
    $database_connection = @mysql_connect($hostname, $username, $password) or die(mysql_error());                              //连接数据库服务器
    mysql_query("set names 'gbk'"); //设置字符集
    @mysql_select_db($database, $database_connection) or die(mysql_error());
}
......
?>
```

②设置数据库字符集

调用 PHP 函数 mysql_query("set names 'gbk'") 可以将 character_set_client、character_set_connection 和 character_set_results 的字符集设置为 GBK 字符集。现在更为流行的字符集为 UTF-8。更多的字符集设置知识将在以后章节中讨论。

设置 GBK 字符集的代码如下。

```
SET character_set_client = gbk ;
SET character_set_connection = gbk ;
SET character_set_database = gbk ;
SET character_set_results = gbk ;
SET character_set_server = gbk ;
SET collation_connection = gbk_chinese_ci ;
SET collation_database = gbk_chinese_ci ;
SET collation_server = gbk_chinese_ci ;
```

③关闭 MySQL 服务器连接

mysql_close() 函数的语法格式如下：

```
bool mysql_close( [resource link_identifier] )
```

函数功能：mysql_close() 函数关闭指定的连接标识所关联到的 MySQL 服务器的连接。如果没有指定 link_identifier，则关闭上一个打开的连接。如果关闭成功则返回 TRUE，失败则返回 FALSE。例如：

D:\xampp\htdocs\myqq\conn.php

```
<?php
......
function close_connection(){
    global $database_connection;
    if($database_connection){
        mysql_close($database_connection) or die(mysql_error());
    }
}
?>
```

④选择当前操作的数据库

使用函数 mysql_select_db() 可以设置当前操作的数据库，该函数的语法格式如下：

```
bool mysql_select_db ( string database_name [, resource link_identifier] )
```

函数功能：如果没有指定 MySQL 服务器连接标识符，则使用上一个打开的 MySQL 服务器连接。如果没有打开的连接，本函数将无参数调用 mysql_connect() 函数尝试打开一个新的 MySQL 服务器连接然后使用它。如果选择当前操作的数据库成功则返回 TRUE，否则返回 FALSE。

⑤发送 SQL 语句或 MySQL 命令

mysql_query() 函数的语法格式如下：

```
{bool|resouce} mysql_query ( string sql [, resource link_identifier] )
```

函数功能：如果没有指定 MySQL 服务器连接标识 link_identifier，则使用已打开的连接，然后向数据库引擎发送 sql 字符串（SQL 语句或 MySQL 命令）。当发送的 sql 字符串执行失败时，mysql_query() 函数返回 FALSE；发送的 sql 字符串是 insert 语句、update 语句或 delete 语句，并且 sql 字符串成功执行时，mysql_query() 函数返回 TRUE；发送的 sql 字符串是 select 语句，并且 select 语句成功执行时，mysql_query() 函数返回结果集（result）类型的数据（实际是 resource 类型的数据）。本例中，使用 mysql_query() 函数对用户名与密码进行查询，返回结果是一个结果集，可以使用 mysql_num_rows() 函数查看该语句查询到的表记录行数。同样使用 mysql_query() 函数对数据库进行插入操作，返回值是一个布尔变量。

D:\xampp\htdocs\myqq\register.php

```
<?php
session_start ();                                  //启动PHP会话
$response = array ();                              //定义JSON响应数组
```

```
    include_once ("conn.php");                    //连接数据库
    getConnection ();
    //判断是否获取到所需的输入
    if (isset ( $_POST ['user_name'] ) && isset ( $_POST ['user_passwd'] )) {
        $user_name = $_POST ['user_name'];
        $user_passwd = $_POST ['user_passwd'];

        //判断用户名是否占用
        $userNameSQL = "select * from user where user_name='$user_name'";
        $resultSet = mysql_query($userNameSQL);   //数据库查询
        if(mysql_num_rows($resultSet)>0){
            $response ["success"] = 0;
            $response ["message"] = "Name is used";
            //返回JSON响应
            echo json_encode ($response);
            closeConnection();//关闭连接
            exit();
        }

        //数据库插入
        $result = mysql_query ( "INSERT INTO user(user_name, user_passwd) VALUES('$user_
name', '$user_passwd')" );

        //判断数据插入是否成功
        if ($result) {
    ......
    closeConnection ();//关闭连接
    ?>
```

7）HTTP 访问方式

① GET 访问方式

GET 访问方式是将提交参数附在访问 URL 后面。在 QQ 信息接收模块的测试中，我们使用 GET 方式对下述服务端代码进行测试。在浏览器地址栏中输入“http://localhost/myqq/getmsg2.php?user_name=123”，则应获取到 JSON 响应“{"success":1,"user_name":"test","message":"test"}”。“？”号之后是需要传递的参数。

```
D:\xampp\htdocs\myqq\getmsg.php

    <?php
    session_start ();
    $response = array ();
    include_once ("conn.php");
    getConnection ();
    //检查是否获取到所需的输入值
    if (isset ( $_GET ['user_name'] )) {
        $user_name = $_GET ['user_name'];
    ......
```

GET 是一种便捷的参数传递方法，但由于其参数暴露在访问链接中，并不安全。在线音乐播放器中，我们采用了无参数传递的 GET 访问，代码如下。HttpGet 方法的输入参数中是一个访问链接，该链接不含传递参数。

```
        .\mp3online\src\com.sziit.mp3online.activities\MainActivity.java
package com.sziit.mp3online.activties;
......
public class MainActivity extends Activity {

    //服务端根目录
    public static final String HTTP_ROOT = "http://192.168.253.3/";
    ......

    @Override
    protected void onCreate(Bundle savedInstanceState) {
        super.onCreate(savedInstanceState);

        ......

        //实例化一个异步数据加载的任务
        HttpAsyncRequestTast jquery = new HttpAsyncRequestTast() {
    ......
        };

        //执行异步数据加载的任务，将请求的URL发送到服务端
        jquery.execute(new HttpGet(HTTP_ROOT + "music/music.json"));
    ......
```

② POST 访问方式

POST 访问方式通常需要先将要传递的参数封装好。在 QQ 的聊天信息发送与接收模块中，ChatActivity 视图的内部类 SendMsg 将一个键名为“send_content”、键值为 send_content 变量值的参数封装到数组 params 中，传递给 JSONParser 类。在 JSONParser 类中，通过 HttpPost 对象建立要访问的 URL 及要传递的参数。

```
        .\myqq_chat\src\com.qq.Activity\ChatActivity.java
package com.qq.Activity;

......

public class ChatActivity extends Activity implements OnClickListener {

......
    private List<ChatMsgEntity> mDataArrays = new ArrayList<ChatMsgEntity>();
    JSONParser jsonParser = new JSONParser();
    private String jsonData;//服务器返回值

    //发送信息地址
    private static String url_sendmsg = MainActivity.BaseURL + "sendmsg.php";
    //接收信息地址
    private static String url_getmsg = MainActivity.BaseURL + "getmsg.php";
    ......
    /**
     * QQ发送信息的后台异步任务
```

```
     * */
    class SendMsg extends AsyncTask<String, String, String> {
    ......

        /**
         * 开始后台异步执行HTTP连接
         * */
        protected String doInBackground(String... args) {
            //设置发送JSON参数
            List<NameValuePair> params = new ArrayList<NameValuePair>();
            params.add(new BasicNameValuePair("send_content", send_content));
            //发送JSON参数，以POST方法连接服务器URL
            //获取返回JSON对象
            try {
                jsonData = jsonParser.makeHttpRequest(url_sendmsg, "POST",
                        params);
            } catch (Exception e) {
                e.printStackTrace();
            }
    }

    /**
     * QQ接收信息的后台异步任务
     * */
    class GetMsg extends AsyncTask<String, String, String> {
        ......

        /**
         * 开始异步任务
         * */
        protected String doInBackground(String... args) {
            //设置发送JSON参数
            List<NameValuePair> params = new ArrayList<NameValuePair>();
            params.add(new BasicNameValuePair("user_name",
                    MainActivity.user_name));
            //发送JSON参数，以POST方法连接服务器URL
            //获取返回JSON对象
            try {
                jsonData = jsonParser.makeHttpRequest(url_getmsg, "POST",
                        params);
            } catch (Exception e) {
                e.printStackTrace();
            }
......
```

.\myqq_chat\src\com\qq\Activity\JSONParser.java

```
package com.qq.Activity;
......
public class JSONParser {
......
```

```
    //通过HTTP POST方式连接指定的URL
    public String makeHttpRequest(String url, String method,
            List<NameValuePair> params) {
        //进行HTTP请求
        try {
            //通过HTTP POST方式连接指定的URL
            HttpPost httpPost = new HttpPost(url);
            httpPost.setEntity(new UrlEncodedFormEntity(params, HTTP.UTF_8));
            ......
            HttpResponse httpResponse = httpClient.execute(httpPost);
           ......
```

③ GET 与 POST 的比较

POST 提交方式比 GET 提交方式安全。这是由于 GET 提交方式提交的数据将出现在 URL 查询字符串中，并且这些带有查询字符串的 URL 可以被浏览器缓存到历史记录中。因此诸如用户注册、登录等系统，不建议使用 GET 提交方式。

POST 提交方式可以提交更多的数据。理论上讲 POST 提交方式提交的数据没有大小限制，而 GET 提交方式提交的数据由于出现在 URL 查询字符串中，而 URL 的长度是受限制的（例如 IE 浏览器对 URL 长度的限制是 2083 字节）。

2．课后题

（1）JSON 数据形式为大括号与方括号混合时，如何处理？请尝试解析下面的 JSON 数据。

```
{"total":2,"success":true,
"arrayData":[{"id":1,"name":"小猪"},{"id":2,"name":"小猫"}]}
```

（2）在信息发送模块，用户名 user_name 的传递采用了 PHP 会话方式；在信息接收模块，用户名采用了在 JSON 参数里发送的方式，比较两种方式的异同。尝试以不同的方式在客户端与服务器之间传递信息。

（3）使用 PHP 构造一个静态网页和一个动态网页，体会二者的区别。

（4）使用 SQL 代码为本例数据库设置字符集。

本项目操作录屏文件

1. 项目需求

在线点餐系统主要满足饭店的手机点餐需求。餐厅为每张桌子配备一部手机（平板电脑），当有不同客户光临的时候，通过手机端点餐。饭店工作人员可以通过安装在计算机的管理端查看每桌客人点餐的详细情况。本系统还提供了多语言点餐功能，客人在客户端可使用自己习惯的语言点餐，饭店工作人员可以通过安装在计算机的管理端查看到相应的中文餐单。

1）客户端功能

（1）主界面模块如图 3-1 所示，其功能包括：

- 单击“登录”按钮跳转到登录界面。
- 单击“注册”按钮跳转到注册界面。

（2）注册模块如图 3-2 所示，其功能包括：

- 单击左上角返回主界面
- 注册前判断是否有漏填信息。
- 判断密码和确认密码是否相同。
- 单击“注册”按钮将信息发送到服务端。
- 成功注册则返回主界面，失败则提示修改所填信息。

图3-1　主界面

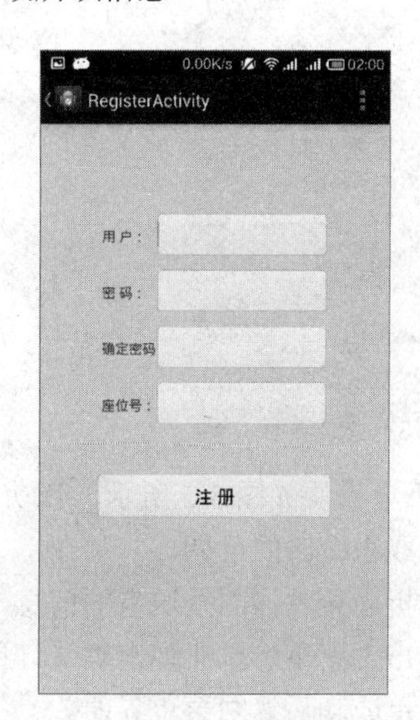

图3-2　注册界面

（3）登录模块如图 3-3 所示，其功能包括：

- 单击左上角可返回主界面。
- 单击“重置”按钮清空所有的 EditText。
- 获取服务端验证码。
- 单击“登录”按钮发送信息到服务端。
- 处理服务端返回的 JSON 信息。
- 将获得的座位号信息传递到下一个界面。
- 登录成功后跳转到菜单显示界面。

（4）菜单模块如图 3-4 所示，其功能包括：

- 采用 actionbar 下拉菜单，根据选择的不同语言显示不同语言的菜名。
- 异步加载图片。
- 单击加号即为点菜一份。
- 单击减号减少点菜数，最小为 0。
- 将从登录界面获取的座位号发送到下单界面。
- 计算总价格发送到下单界面。
- 单击“提交”按钮遍历列表，如果有点餐数大于 1 的菜式，记录并发送到下单界面。

图3-3 登录界面

图3-4 菜单界面

（5）下单模块如图 3-5 所示，其功能包括：

- 获取系统时间日期。
- 解析由菜单界面发送来的信息。
- 单击“下单”按钮弹出确认订单框。
- 下单成功后返回菜单界面。

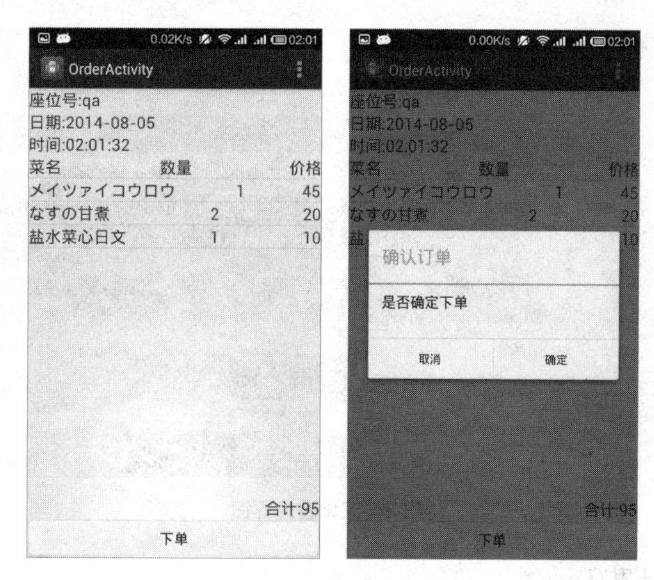

图3-5　下单界面

2）管理端功能

如图 3-6 所示是管理端的主界面，其功能包括：

图3-6　管理端主界面

（1）订单管理。对每桌客人的点餐订单进行管理，订单确认无误后，通知厨房根据订单做菜，以及结账，如图 3-7 所示。

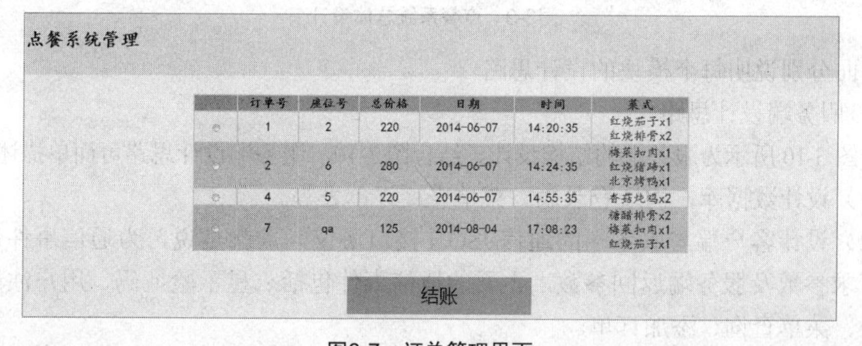

	订单号	座位号	总价格	日期	时间	菜式
	1	2	220	2014-06-07	14:20:35	红烧茄子x1 红烧排骨x2
	2	6	280	2014-06-07	14:24:35	梅菜扣肉x1 红烧猪蹄x1 北京烤鸭x1
	4	5	220	2014-06-07	14:55:35	香菇炖鸡x2
	7	qa	125	2014-08-04	17:08:23	糖醋排骨x2 梅菜扣肉x1 红烧茄子x1

图3-7　订单管理界面

（2）菜单管理。菜单管理是指对饭店的菜单进行管理，根据客人需求，可以增加或删除饭店的菜品，如图 3-8 所示。

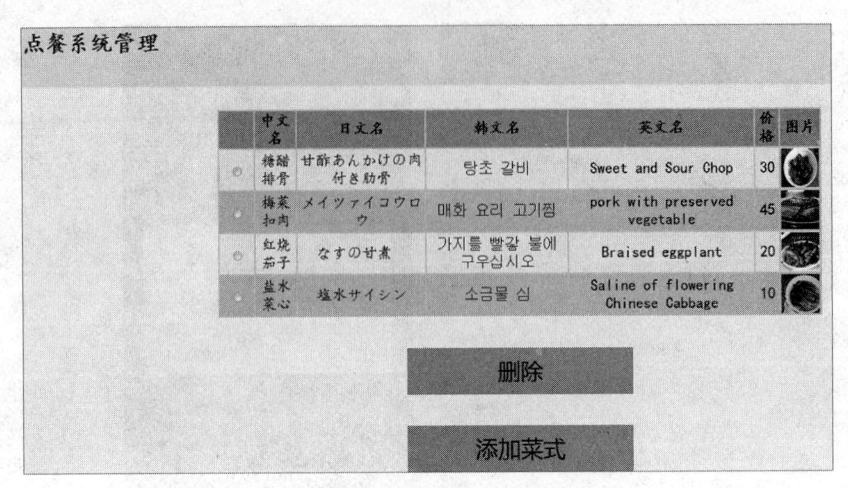

图3-8　菜单管理界面

2．项目设计思路

本系统分为三大模块：服务端、管理端、客户端。三大模块之间的关系如图 3-9 所示。管理端直接在服务器上运行，供饭店管理者使用。

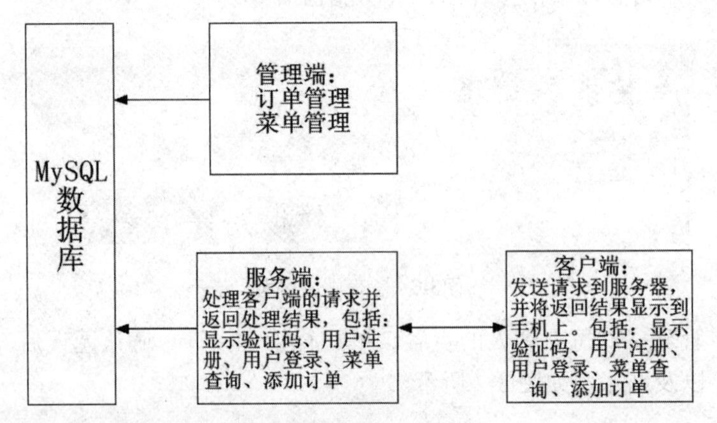

图3-9　点餐系统总体设计

下面分别说明每个模块的设计思路。

1）服务端设计思路

如图 3-10 所示为服务端的结构设计。结合图 3-10，服务端设计思路可简单描述如下。

（1）设计数据库，构造登录表、菜单表、订单表等。

（2）设计客户端与服务端的通信 JSON 接口协议，也就是说，为通信事件设计客户端请求参数及服务端返回参数，主要的通信事件包括：显示验证码、用户注册、登录验证、菜单查询、添加订单。

（3）编写代码 conn.php，负责 MySQL 数据库的连接。

（4）编写代码 Image.php，负责生成验证码。

（5）编写代码 Register.php，实现用户注册，根据 JSON 接口协议，接收客户端的注册信息，通过 conn.php 将注册信息插入数据库，并向客户端返回注册状态。

（6）编写代码 Login.php，实现用户登录，根据 JSON 接口协议，接收客户端的登录信息，通过 conn.php 查询数据库，并向客户端返回登录状态。

（7）编写代码 ShowMenu.php，实现菜单查询，根据 JSON 接口协议，接收客户端的查询信息，通过 conn.php 查询数据库，并向客户端返回菜单信息。

（8）编写代码 AddOrder.php，实现下单，根据 JSON 接口协议，接收客户端的下单信息，通过 conn.php 将下单信息插入数据库，并向客户端返回下单状态。

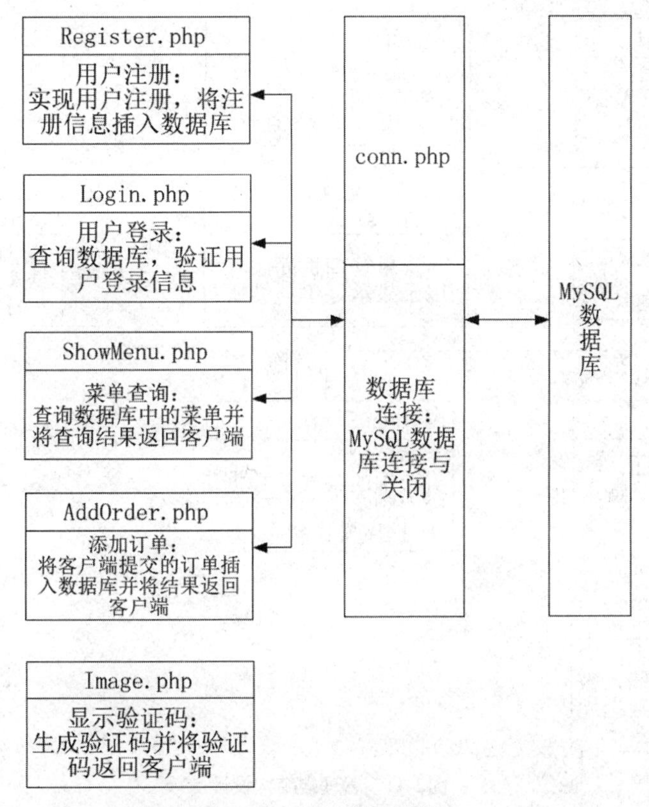

图3-10　服务端结构设计

2）管理端设计思路

管理端的设计结构如图 3-11 所示。结合图 3-11，管理端的设计思路可简单描述如下。

（1）设计管理端主页面 index.xml，包含菜单管理与订单管理两个子页面，使用 CSS 与 JS 技术，为主页面设计样式。

（2）设计菜单管理页面 ShowMenu.php，负责查询数据库，实现菜式查询。包含菜式添加与菜式删除两个子页面。

（3）设计菜式添加页面 AddMenu.php，负责向数据库中插入数据，实现菜式添加，并通过状态页面 AddMenuStatus.php 显示数据库插入状态。

（4）设计菜式删除页面 DelMenuStatus.php，负责删除数据库中的数据，实现菜式删除。

（5）设计订单管理页面 ShowOrder.php，负责查询数据库，显示客户提交的订单，并通过结账管理页面 PayStatus.php 对订单进行管理。

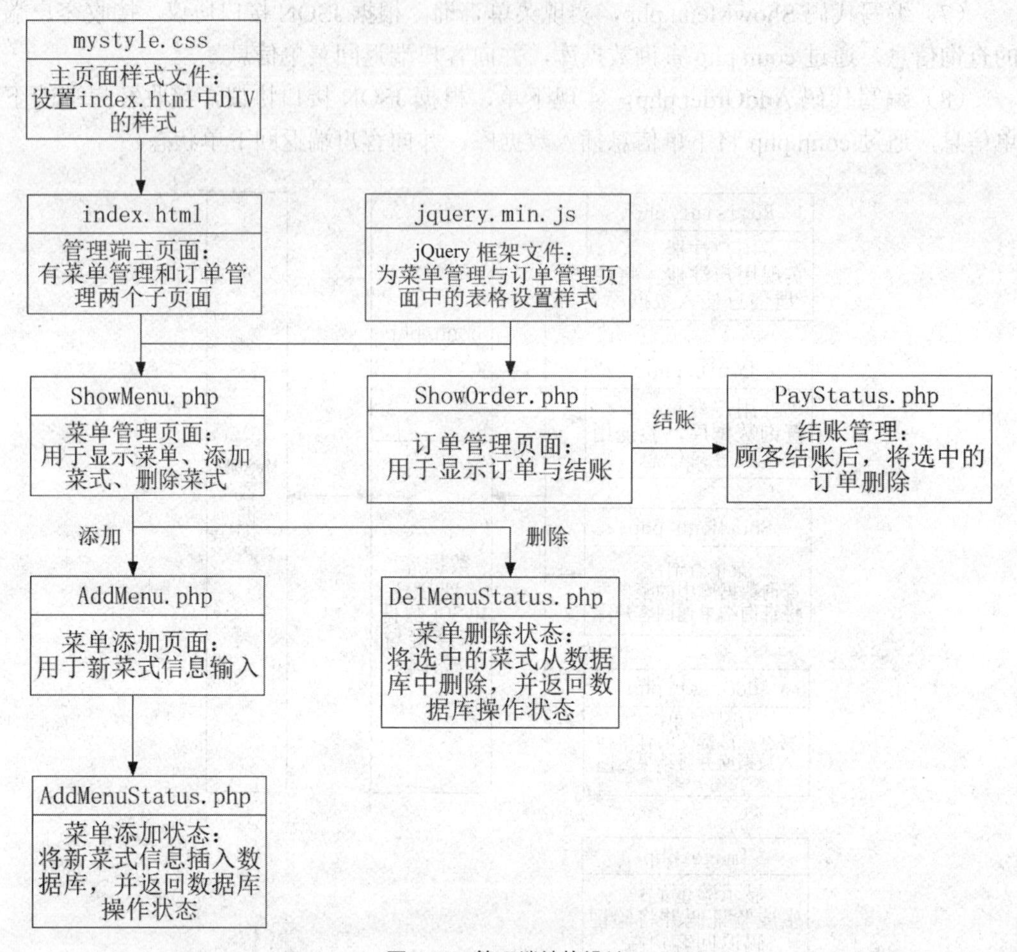

图3-11　管理端结构设计

3）客户端设计思路

客户端结构设计如图 3-12 所示。结合图 3-12，客户端设计思路可简单描述如下。

（1）设计服务器访问功能类 HttpPostUtil，实现客户端与服务端信息交互。

（2）设计主视图 FirstActivity，用于选择注册或登录。

（3）设计注册视图 RegisterActivity，通过 HttpPostUtil 与服务端的 Register.php 进行信息交互，实现用户注册。

（4）设计登录视图 LoginActivity，通过 HttpPostUtil 与服务端的 Image.php 及 Login.php 进行信息交互，实现用户登录。

（5）设计工具类 ImageLoader、FileCache 及 MemoryCache，访问服务端，实现菜

单图片的异步加载。

（6）设计语言设置类 MenuFragment，实现多语言菜单。

（7）设计数据封装类 MenuBean，封装订单信息。

（8）设计菜单显示适配器类 MenuListAdapter，负责显示菜单信息，以及通过 ImageLoader 获取菜单图片。

（9）设计菜单视图 MenuActivity，通过 MenuFragment 选择菜单语言，并且通过 HttpPostUtil 与服务端的 ShowMenu.php 进行交互，获取相应语言的菜单信息，然后将菜单信息传递给 MenuListAdapter，实现菜单的显示，以及实现订单的生成，并将订单信息通过 MenuBean 封装后，传递给订单视图 OrderActivity。

（10）设计订单显示适配器类 OrderListAdapter，负责显示订单信息。

（11）设计订单视图 OrderActivity，通过 OrderListAdapter 显示订单，并通过 HttpPostUtil 与服务端的 AddOrder.php 进行交互，实现下单。

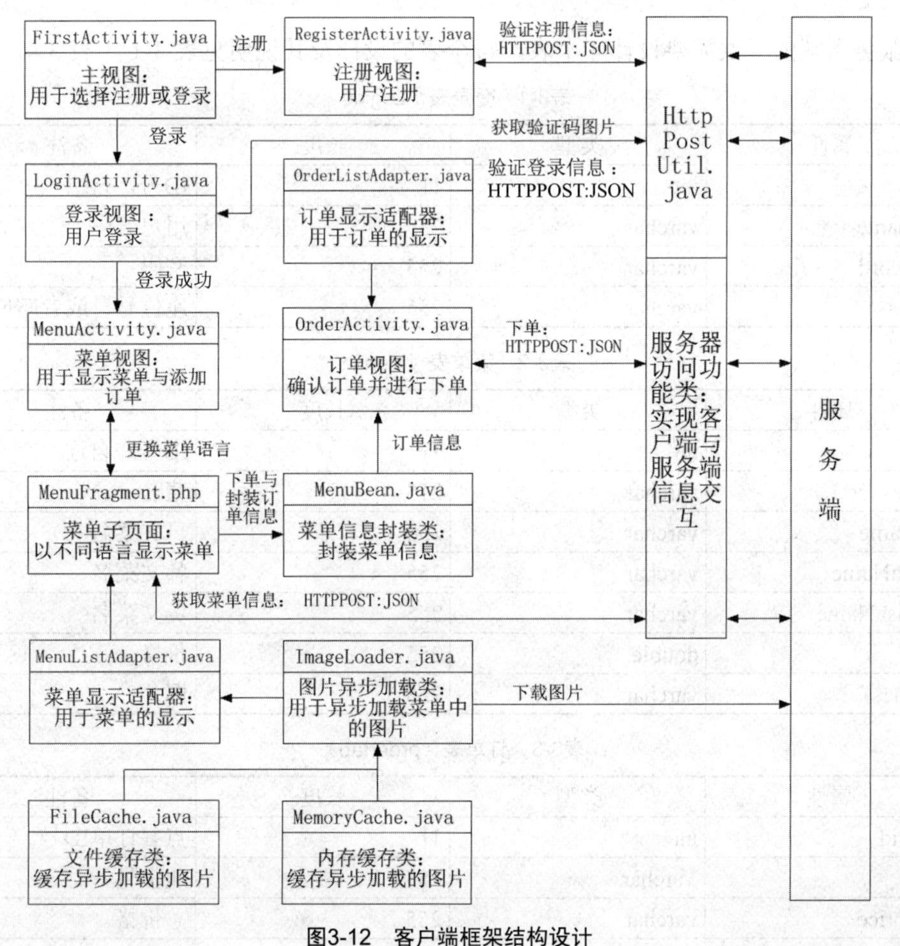

图3-12　客户端框架结构设计

任务 3-1 服务端开发

本任务将完成系统服务端的开发。如图 3-13 所示为服务端的文件结构。

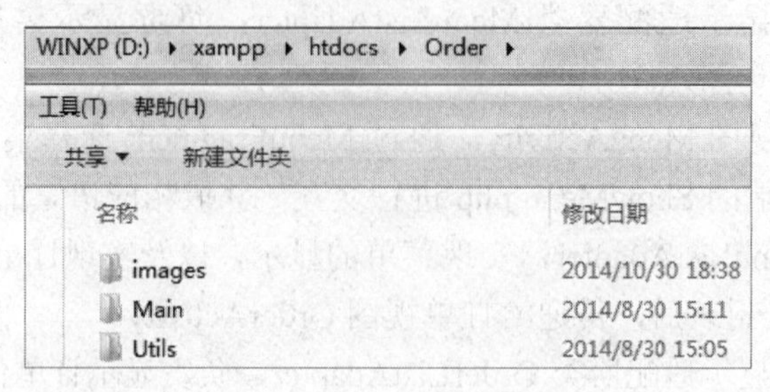

图3-13 服务端文件结构

3.1.1 数据库设计

服务器端的开发需要设计 4 个表，每个表的设计及其说明见表 3-1 ～表 3-4。

表3-1 登录表（Login）

属性	类型	长度	备注
id	int	11	ID号，自增
username	varchar	255	用户名
password	varchar	255	密码
num	varchar	255	座位号，或者座位名

表3-2 菜单表（Menu）

属性	类型	长度	备注
Id	int	11	ID号，自增
Name	varchar	255	菜名
JapName	varchar	255	日文菜名
KoreaName	varchar	255	韩文菜名
EnglishName	varchar	255	英文菜名
Price	double	255	价格
photo	varchar	255	图片

表3-3 订单表（ordertab）

属性	类型	长度	备注
orderid	int	11	点餐订单ID号
num	Varchar	255	座位号
totalprice	varchar	255	总价格
date	varchar	10	格式XXXX-XX-XX
time	varchar	8	格式XX：XX：XX
foodquantity	int	11	点菜的样式数

表3-4　订单明细表（orderdetail）

属性	类型	长度	备注
orderid	int	11	订单ID号
name	String	255	菜名
quantity	Int	11	点菜数量

3.1.2　接口设计

本服务端采用 HTTP 接口，接收客户端发送的 HTTP 请求并返回 JSON 数据给客户端。本服务端共提供 5 个接口，用于实现以下功能：

- 显示验证码。
- 用户注册。
- 用户登录验证。
- 菜单查询。
- 添加订单。

下面分别介绍 5 个接口的设置。

1. 显示验证码

URL：http://localhost/order/main/image.php。

客户端请求参数：无。

服务端返回参数：验证码图片。

2. 用户注册

URL：http://localhost/order/main/register.php。

客户端请求参数及服务端响应参数分别如表 3-5 和表 3-6 所示。

表3-5　注册接口客户端请求参数

参数	是否必需	格式举例	备注
username	是	jun	登录账号
password	是	123456	密码
num	否	1,2,3	座位号，可为中文名

表3-6　注册接口服务端响应参数

参数	类型	说明
status	int	状态值，0表示成功，1表示失败
mes	String	返回中文状态信息

使用举例：

http://localhost/order/main/register.php?username=test&password=12345&num=1

若注册成功，则返回参数：

```
{"status":"0","mes":"注册成功"}
```

3. 登录验证

URL：http://localhost/order/login.php。

客户端请求参数及服务端响应参数分别如表 3-7 和表 3-8 所示。

表3-7 登录接口客户端请求参数

参数	是否必需	格式举例	备注
username	是	jun	登录账号
password	是	123456	密码
code	是	2341	验证码

表3-8 登录接口服务端响应参数

参数	类型	说明
status	int	状态值，0表示成功，1表示失败
mes	String	返回中文状态信息
num	String	座位号

使用举例：

http://localhost/order/main/login.php?username=test&password=12345&code=2315

若登录成功，则返回参数：

```
{"status":"0","mes":"登录成功"}
```

4. 菜单查询

URL：http://localhos/order/showmenu.php。

客户端请求参数：无。

服务端响应参数如表 3-9 所示。

表3-9 查询接口服务端响应参数

参数	类型	备注
id	int	ID号
name	varchar	菜名
japname	varchar	日文菜名
koreaname	varchar	韩文菜名
englishname	varchar	英文菜名
price	double	价格
photo	varchar	图片地址

5. 添加订单

地址：http://localhost/order/main/addorder.php。

客户端请求参数以及服务端返回参数如表 3-10 和表 3-11 所示。

表3-10　下单接口客户端请求参数

参数	格式举例	ID说明
num	11	座位号
totalprice	260	总价格
date	2014-02-09	下单日期
time	10:15:20	下单时间
foodquantity	1	点菜种类
quantity1, quantity2	2	点菜数量
food1, food2, …	红烧排骨	菜名

表3-11　下单接口服务端响应参数

参数	类型	说明
status	int	状态值，0表示成功，1表示失败
mes	String	返回中文状态信息

使用举例：

http://localhost/order/main/addorder.php?num=110&totalprice=100&date=2015-05-29&time=14:14:11&foodquantity=1&food1= 糖醋排骨 &quantity1=2

若下单成功，则返回参数：

```
{"status":"0","mes":"下单成功"}
```

3.1.3　服务端开发

1. 建立服务端目录结构

新建 D:\xampp\htdocs\Order 文件夹，在文件夹中新建 3 个子文件夹 Main、Utils、images，分别存放主要功能代码、工具代码及图片资源。将本书资源文件中相应的 4 张 JPG 图片复制到 D:\xampp\htdocs\Order\images 文件夹中。

2. 创建数据库

在 D:\xampp\htdocs\Order\Utils 文件夹中新建一个文本文件 diancai.sql，用 PDT 打开，输入以下代码，在服务器上创建一个名为 diancai 的数据库，数据库中有 4 张表，分别为登录表、菜单表、订单表、订单明细表。请根据自己服务器的 IP 地址修改代码中的 IP 地址。

D:\xampp\htdocs\Order\Utils\diancai.sql

```
SET character_set_client = utf8;
SET character_set_connection = utf8;
SET character_set_database = utf8;
SET character_set_results = utf8;
SET character_set_server = utf8;
```

```
SET collation_connection = utf8_general_ci;
SET collation_database = utf8_general_ci;
SET collation_server = utf8_general_ci;

create database diancai;
use diancai;


CREATE TABLE login(
  id int auto_increment primary key,
  username varchar(255) default null,
  password varchar(255) default null,
  num varchar(255) default null
);


INSERT INTO login VALUES (null, 'jun', '123456', '100');
INSERT INTO login VALUES (null, null, null, null);

CREATE TABLE menu(
  id int auto_increment primary key,
  Name varchar(255) DEFAULT NULL COMMENT '中文菜名',
  JapName varchar(255) DEFAULT NULL COMMENT '日文菜名',
  KoreaName varchar(255) DEFAULT NULL COMMENT '韩文菜名',
  EnglishName varchar(255) DEFAULT NULL COMMENT '英文菜名',
  Price double(255,0) DEFAULT NULL COMMENT '价格',
  photo varchar(255) DEFAULT NULL
);


INSERT INTO menu VALUES ('1', '糖醋排骨', '甘酢あんかけの肉付き肋骨 ', '탕초 갈비', 'Sweet and Sour Chop', '30', 'http://192.168.253.3/Order/images/yuan_5ba7c7e71dcac3e99bc91442f1365bbd.jpg');
INSERT INTO menu VALUES ('2', '梅菜扣肉', 'メイツァイコウロウ ', '매화 요리 고기찜', 'pork  with preserved  vegetable ', '45', 'http://192.168.253.3/Order/images/yuan_969e5b0a508c6aa8699bd8dd6b2c0222.jpg');
INSERT INTO menu VALUES ('3', '红烧茄子', 'なすの甘煮  ', '가지를 빨강 불에 구우십시오', 'Braised eggplant', '20', 'http://192.168.253.3/Order/images/yuan_c7175168a5229945c2d6426e9812d300.jpg');
INSERT INTO menu VALUES ('5', '盐水菜心', '塩水サイシン', '소금물 심', 'Saline of flowering Chinese Cabbage', '10', 'http://192.168.253.3/Order/images/53650_N72JB.jpg');


CREATE TABLE orderdetail (
  orderid int(11) DEFAULT NULL,
  name varchar(255) DEFAULT NULL COMMENT '菜名',
  quantity int(11) DEFAULT NULL COMMENT '点菜数量'
);


INSERT INTO orderdetail VALUES ('1', '红烧茄子', '1');
INSERT INTO orderdetail VALUES ('1', '红烧排骨', '2');
INSERT INTO orderdetail VALUES ('2', '梅菜扣肉', '1');
INSERT INTO orderdetail VALUES ('2', '红烧猪蹄', '1');
INSERT INTO orderdetail VALUES ('2', '北京烤鸭', '1');
INSERT INTO orderdetail VALUES ('4', '香菇炖鸡', '2');
INSERT INTO orderdetail VALUES ('7', '糖醋排骨', '2');
INSERT INTO orderdetail VALUES ('7', '梅菜扣肉', '1');
```

```
INSERT INTO orderdetail VALUES ('7', '红烧茄子', '1');


CREATE TABLE ordertab(
  orderid int not null primary key,
  num varchar(255) DEFAULT NULL COMMENT '桌号或者桌名',
  totalprice varchar(255) DEFAULT NULL COMMENT '总价格',
  date varchar(10) DEFAULT NULL COMMENT '日期，格式XXXX-XX-XX',
  time varchar(8) DEFAULT NULL COMMENT '时间，格式xx: xx: xx',
  foodquantity int(11) DEFAULT NULL COMMENT '点菜的样式数'
);



INSERT INTO ordertab VALUES ('1', '2', '220', '2014-06-07', '14:20:35', '2');
INSERT INTO ordertab VALUES ('2', '6', '280', '2014-06-07', '14:24:35', '3');
INSERT INTO ordertab VALUES ('4', '5', '220', '2014-06-07', '14:55:35', '1');
INSERT INTO ordertab VALUES ('7', 'qa', '125', '2014-08-04', '17:08:23', '3');
```

代码编写完成后，选择“另存为”命令，将编码选择为 UTF-8，如图 3-14 所示。

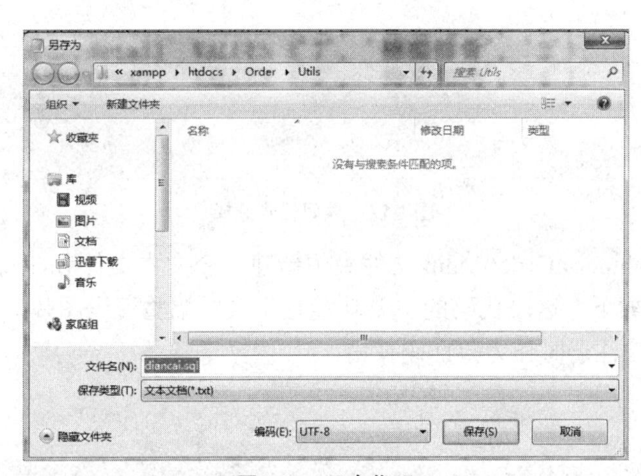

图3-14　另存代码

打开 XAMPP 控制面板，启动 Apache 与 MySQL 服务器。打开浏览器，在地址栏中输入“http://localhost”。单击左侧的 PhpMyAdmin，然后单击右侧上方的“服务器：127.0.0.1”，再切换到“导入”标签，导入 diancai.sql，选择编码格式为 UTF-8，如图 3-15 所示。导入成功后，单击下方的“执行”按钮。执行成功后，按 F5 键刷新网页，若左侧出现了 diancai 数据库及相应的 4 张表，则说明数据库创建成功，如图 3-16 所示。

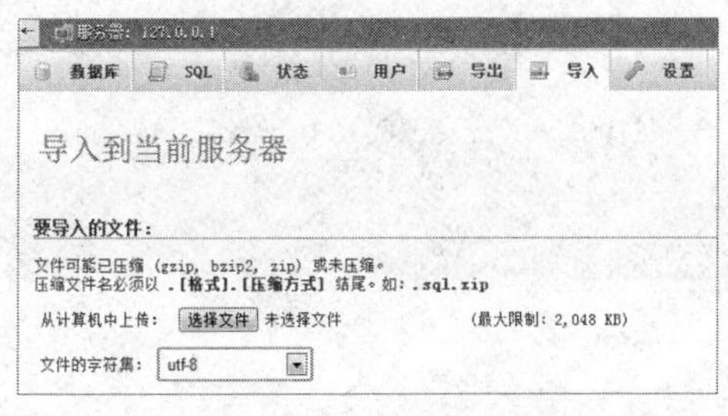

图3-15　导入SQL代码

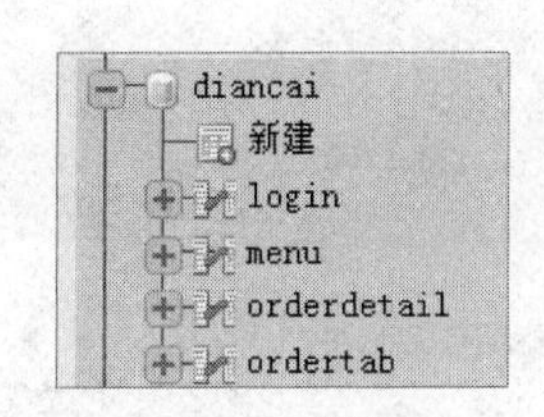

图3-16　数据库

3. 显示验证码

注意，在开始编写前，将编辑器编码格式设置为 UTF-8。在 PDT 中单击 Window → Preferences → General → Workspace → Text file encoding → Other → UTF-8 操作路径，保证在本工作空间中所有代码的格式为 UTF-8，如图 3-17 所示。

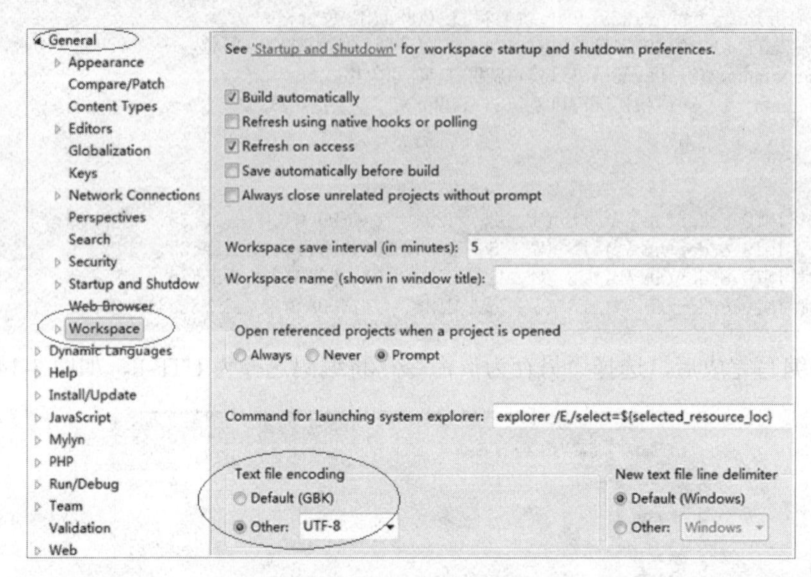

图3-17 编码格式选择

在 D:\xampp\htdocs\Order\Main 文件夹中新建一个文本文件 Image.php，在 PDT 中打开，编写代码如下。这段代码的主要功能是生成一幅验证码图片，包含 4 位随机生成的数字，供用户注册时作为验证码使用。

D:\xampp\htdocs\Order\Main\Image.php

```
<?php
session_start();
//生成验证码图片
Header("Content-type: image/PNG");
$im = imagecreate(50,20);                        //画一张指定宽、高的图片
$back = ImageColorAllocate($im, 245,245,245); //定义背景颜色
imagefill($im,0,0,$back);                        //把背景颜色填充到刚刚画出来的图片中
$vcodes = "";
srand((double)microtime()*1000000);
//生成4位数字
for($i=0;$i<4;$i++){
    //生成随机颜色
    $font = ImageColorAllocate($im, rand(100,255),rand(0,100),rand(100,255));
$authnum=rand(1,9);
    $vcodes.=$authnum;
    imagestring($im, 5, 3+$i*12, 1, $authnum, $font);
}
$_SESSION['code_session'] = $vcodes;
```

```
for($i=0;$i<100;$i++)                //加入干扰像素
{
    $randcolor = ImageColorallocate($im,rand(0,255),rand(0,255),rand(0,255));
    imagesetpixel($im, rand()%70 , rand()%30 , $randcolor); //画像素点函数
}
ImagePNG($im);
ImageDestroy($im);
?>
```

4．连接数据库

在 D:\xampp\htdocs\Order\Utils 文件夹中新建一个文本文件 conn.php，编写代码如下，用于数据库的连接与关闭。

D:\xampp\htdocs\Order\Utils\conn.php

```
<?php
$databaseConnection = null;

function getConnection ()
{
    $hostname = "localhost";                //数据库服务器主机名，可以用IP代替
    $database = "diancai";                  //数据库名
    $userName = "root";                     //数据库服务器用户名
    $password = "passwd";                   //数据库服务器密码
    global $databaseConnection;
    $databaseConnection = @mysql_connect($hostname, $userName, $password) or
            die(mysql_error());             //连接数据库服务器
    mysql_query("set names 'utf8'");        //设置字符集
    @mysql_select_db($database, $databaseConnection) or die(mysql_error());
}

function closeConnection ()
{
    global $databaseConnection;
    if ($databaseConnection) {
        mysql_close($databaseConnection) or die(mysql_error());
    }
}

/**
 * *
 * json显示中文方法
 */
function JSON ($array)
{
    arrayRecursive($array, 'urlencode', true);
    $json = jsonEncode($array);
    return urldecode($json);
}

function arrayRecursive (&$array, $function, $apply_to_keys_also = false)
{
```

```
    foreach ($array as $key => $value) {
        if (is_array($value))
            arrayRecursive($array[$key], $function, $apply_to_keys_also);
        else
            $array[$key] = $function($value);

        if ($apply_to_keys_also && is_string($key)) {
            $new_key = $function($key);
            if ($new_key != $key) {
                $array[$new_key] = $array[$key];
                unset($array[$key]);
            }
        }
    }
}

function jsonEncode ($var)
{
    if (function_exists('json_encode')) {
        return json_encode($var);
    } else {
        switch (gettype($var)) {
            case 'boolean':
                return $var ? 'true' : 'false'; //Lowercase necessary!
            case 'integer':
            case 'double':
                return $var;
            case 'resource':
            case 'string':
                return '"' . str_replace(
                        array(
                                "\r",
                                "\n",
                                "<",
                                ">",
                                "&"
                        ),
                        array(
                                '\r',
                                '\n',
                                '\x3c',
                                '\x3e',
                                '\x26'
                        ), addslashes($var)) . '"';
            case 'array':
                //如果该数组含有完整的序列号，则将其直接作为数组转化
                if (empty($var) ||
                        array_keys($var) === range(0, sizeof($var) - 1)) {
                    $output = array();
                    foreach ($var as $v) {
                        $output[] = jsonEncode($v);
                    }
```

```
                return '[ ' . implode(', ', $output) . ' ]';
            }
        //否则，作为对象转化
        case 'object':
            $output = array();
            foreach ($var as $k => $v) {
                $output[] = jsonEncode(strval($k)) . ': ' . jsonEncode($v);
            }
            return '{ ' . implode(', ', $output) . ' }';
        default:
            return 'null';
        }
    }
}

?>
```

5. 用户注册

在 D:\xampp\htdocs\Order\Main 文件夹中新建 Register.php，编写代码如下，用于判断用户注册的用户名是否存在，若不存在，则将新用户插入数据库，并将结果转换为 JSON 参数输出。

D:\xampp\htdocs\Order\Main\Register.php

```
<?php
include_once ("../Utils/conn.php"); //连接数据库
getConnection();
$jsonArray = array();                    //定义JSON响应数组
//判断验证码是否相同
if (isset($_REQUEST['username']) && isset($_REQUEST['password'])) {
    $username = $_REQUEST['username'];
    $password = $_REQUEST['password'];
    $num = $_REQUEST['num'];
    //查询用户是否已经存在
    $s1 = "SELECT * FROM login WHERE username='$username';";
    //执行MySQL语句
    $result = mysql_query($s1);
    if (mysql_num_rows($result) > 0) {
        $jsonArray["status"] = 1;
        $jsonArray["mes"] = "Name is used";
        //返回JSON响应
        echo json_encode($jsonArray);
        closeConnection();              //关闭连接
        exit();
    }
    //如果数据库中没有则插入新用户
    $sql = "INSERT INTO login (username,password,num) VALUES ('$username','$password','$num');";
    //执行MySQL语句
    $result = mysql_query($sql);
    if (! $result) {
```

```
            $jsonArray["status"] = 1;
            $jsonArray["mes"] = "register fail";
            echo json_encode($jsonArray);
            die("could not to the database</br>" . mysql_error());
        } else {
            $jsonArray["status"] = 0;
            $jsonArray["mes"] = "register success";
            echo json_encode($jsonArray);
        }
    }
    closeConnection();                              //关闭连接
    ?>
```

6. 用户登录验证

在 D:\xampp\htdocs\Order\Main 文件夹中新建 Login.php，编写代码如下，用于验证用户输入的用户名、密码、验证码是否正确，并将结果转换为 JSON 参数输出。

```
D:\xampp\htdocs\Order\Main\Login.php

<?php
session_start();
include_once ("../Utils/conn.php");           //连接数据库
getConnection();
$jsonArray = array();                         //定义JSON响应数组
//判断验证码是否相同
if ($_REQUEST['code'] == $_SESSION['code_session']) {
    $username = $_REQUEST['username'];
    $password = $_REQUEST['password'];
    $sql = "SELECT * FROM login where username='$username' and password = '$password'";

    //执行MySQL语句
    $result = mysql_query($sql);

    if (! $result) {
        die("could not to the database</br>" . mysql_error());
    } else {
        $n = 'num';
        while ($row = mysql_fetch_row($result)) {
            $n = $row[3];
        }
        $jsonArray["status"] = 0;
        $jsonArray["mes"] = "Login success";
        $jsonArray['num'] = $n;
        echo json_encode($jsonArray);
    }
} else {
    $jsonArray["status"] = 1;
    $jsonArray["mes"] = "wrong identifying code";
    echo json_encode($jsonArray);
}
```

```
closeConnection();
?>
```

7. 菜单查询

在 D:\xampp\htdocs\Order\Main 文件夹中新建 ShowMenu.php，编写代码如下，用于查询数据库中的菜单，并添加到数组中转换成 JSON 输出。

D:\xampp\htdocs\Order\Main\ShowMenu.php

```
<?php
header("Content-Type:text/html;charset=utf-8");
include_once ("../Utils/conn.php");        //连接数据库
getConnection ();
$jsonArray = array ();                     //定义JSON响应数组

//查询语句
$sql ="SELECT * FROM menu";
 //执行MySQL语句
$result = mysql_query($sql);
if(!$result){
    die("could not to the database</br>".mysql_error());
}else{
    $foodarr = array();
    while ($row = mysql_fetch_row($result))
    {
        $array = array ();
        $array['id'] = $row[0];
        $array['name'] = $row[1];
        $array['japname'] = $row[2];
        $array['koreaname'] = $row[3];
        $array['englishname'] = $row[4];
        $array['price'] = $row[5];
        $array['photo'] = $row[6];
        $foodarr[] = $array;
    }
    $jsonArray['menulist'] = $foodarr;
//echo ']}';
    echo JSON($jsonArray);
}
closeConnection();
?>
```

8. 添加订单

在 D:\xampp\htdocs\Order\Main 文件夹中新建 AddOrder.php，编写代码如下，用于将客户端发送的订单信息写入数据库，插入信息前先查询数据库，防止多次插入，将插入结果转换为 JSON 输出。

D:\xampp\htdocs\Order\Main\AddOrder.php

```
<?php
include_once ("../Utils/conn.php"); //连接数据库
getConnection();
$jsonArray = array();                    //定义JSON响应数组
//获取最大ID号
$maxidsql = "select max(orderid) from ordertab";
//执行MySQL语句
$result = mysql_query($maxidsql);
$row = mysql_fetch_row($result);
$maxid = (int) $row[0] + 1;
//获取参数
$num = $_REQUEST['num'];
$totalprice = $_REQUEST['totalprice'];
$date = $_REQUEST['date'];
$time = $_REQUEST['time'];
$foodquantity = $_REQUEST['foodquantity'];
//查询是否已存在订单
$s = "select * from ordertab where totalprice='$totalprice' and date='$date' and time='$time'
and num='$num';";
$result = mysql_query($s);
if (mysql_num_rows($result) > 0) {
    $jsonArray["status"] = 1;
    $jsonArray["mes"] = "order is exist";
    //返回JSON响应
    echo json_encode($jsonArray);
    closeConnection(); //关闭连接
    exit();
}

for ($i = 1; $i <= intval($foodquantity); $i ++) {
    $food = $_REQUEST['food' . $i];
    $quantity = $_REQUEST['quantity' . $i];
    $savedetailsql = "insert into orderdetail(orderid,name,quantity)values('$maxid','$foo
d','$quantity')";
    mysql_query($savedetailsql);
}
$sql = "INSERT INTO ordertab (orderid,totalprice,date,time,num,foodquantity)values('$max
id','$totalprice','$date','$time','$num','$foodquantity');";
$result1 = mysql_query($sql);
if ($result1) {
    $jsonArray["status"] = 0;
    $jsonArray["mes"] = "order is success";
    echo json_encode($jsonArray);
} else {
    $jsonArray["status"] = 1;
    $jsonArray["mes"] = "order is fail";
    echo json_encode($jsonArray);
    die(mysql_error());
}

closeConnection();
?>
```

任务 3-2　管理端开发

3.2.1　管理端文件结构

管理端包括客户订单的管理及饭店菜单的管理，使用 PHP 实现。本任务将完成管理端的开发，我们把管理端程序放在系统的根目录，如图 3-18 所示。3 个文件夹中的程序属于服务端，根目录中的程序属于管理端。

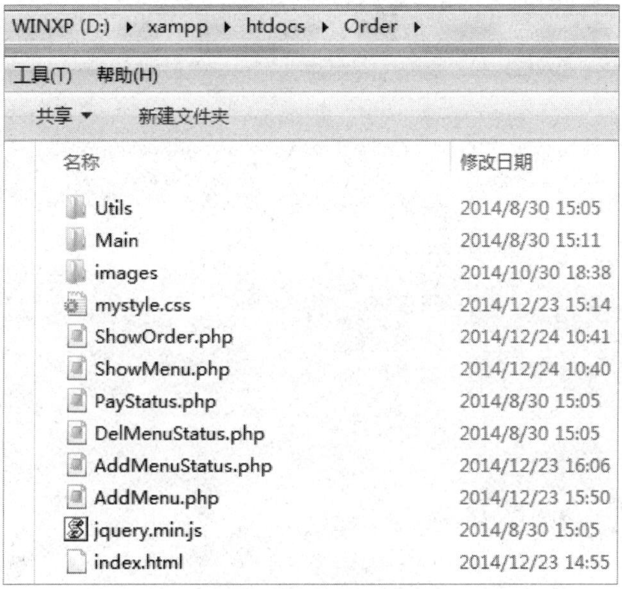

WINXP (D:) ▸ xampp ▸ htdocs ▸ Order ▸

工具(T)　帮助(H)

共享 ▾　新建文件夹

名称	修改日期
Utils	2014/8/30 15:05
Main	2014/8/30 15:11
images	2014/10/30 18:38
mystyle.css	2014/12/23 15:14
ShowOrder.php	2014/12/24 10:41
ShowMenu.php	2014/12/24 10:40
PayStatus.php	2014/8/30 15:05
DelMenuStatus.php	2014/8/30 15:05
AddMenuStatus.php	2014/12/23 16:06
AddMenu.php	2014/12/23 15:50
jquery.min.js	2014/8/30 15:05
index.html	2014/12/23 14:55

图3-18　管理端文件结构

3.2.2　管理端开发

1. 管理端界面设计

管理端界面设计采用 DIV+CSS 方式。在系统根文件夹中新建 index.html，设计效果如图 3-19 所示。

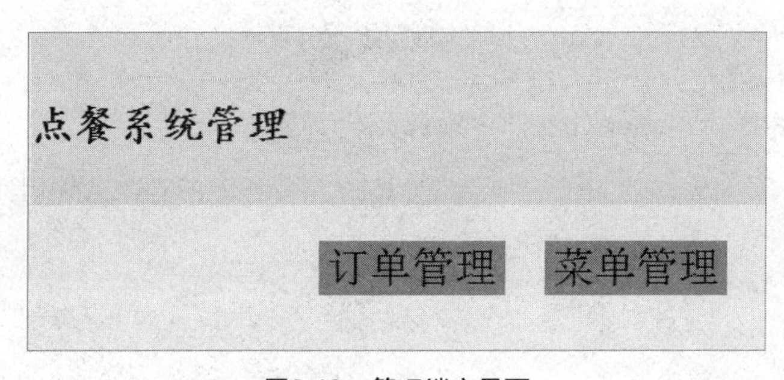

图3-19　管理端主界面

代码如下，实现添加两个按钮，分别跳转到订单管理主页面 ShowOrder.php 和菜单管理主页面 ShowMenu.php。代码编写完成后，在浏览器地址栏中输入“http://localhost/Order/index.html”进行测试。

D:\xampp\htdocs\Order\index.html

```
<!DOCTYPE>
<html>
<head>
<title>点餐系统</title>
<meta http-equiv="Content-Type" CONTENT="text/html; charset=utf-8">
<meta http-equiv="Content-Language" content="zh-CN">
<meta http-equiv="pragma" content="no-cache">
<meta http-equiv="cache-control" content="no-cache">
<meta http-equiv="expires" content="0">
<meta http-equiv="keywords" content="keyword1, keyword2, keyword3">
<link rel="stylesheet" type="text/css" href="mystyle.css">
</head>

<body>
    <div id="head">
        <h1>点餐系统管理</h1>
    </div>
    <div id="main">
        <table>
            <tr>
                <td>
                    <div>
                        <input type="button" value="订单管理"
                            onclick="window.open('ShowOrder.php')" id="btn">
                    </div>
                </td>
                <td>
                    <div>
                        <input type="button" value="菜单管理"
                            onclick="window.open('ShowMenu.php')" id="btn">
                    </div>
                </td>
            </tr>
        </table>
    </div>
</body>
</html>
```

index.html 的样式在 mystyle.css 中设计，代码如下。

D:\xampp\htdocs\Order\index.html

```
@CHARSET "UTF-8";

body {
    font-family: "楷体";
```

```
    background: #F1F1F1;
    width: 100%;
    height: 100%;
    margin: 0;
}

#head {
    background-color: #E2E2E2;
    padding-top: 30px;
    padding-bottom: 20px;
    margin: 10px;
}

#head h1 {
    font-size: 30px;
    font-weight: bold;
    color: #000099;
}

#main {
    margin: auto;
    width: 70%;
}

#main div {
    margin: 10px;
}

#btn {
    background: rgb(114, 154, 202);
    border: 0;
    cursor: hand;
    font-size: 30px;
}

#btn:hover {
    background: #0873d7;
}

#btn:active {
    background: #0873d7;
    border: 2px #FFF solid;
}

#info {
    font-size: 20px;
}

#inputtext {
    font-size: 25px;
    margin-top: 3px;
```

```
    margin-bottom: 3px;
}
```

2. 菜单管理主页面设计

在系统根文件夹中新建 ShowMenu.php，实现页面如图 3-20 所示。

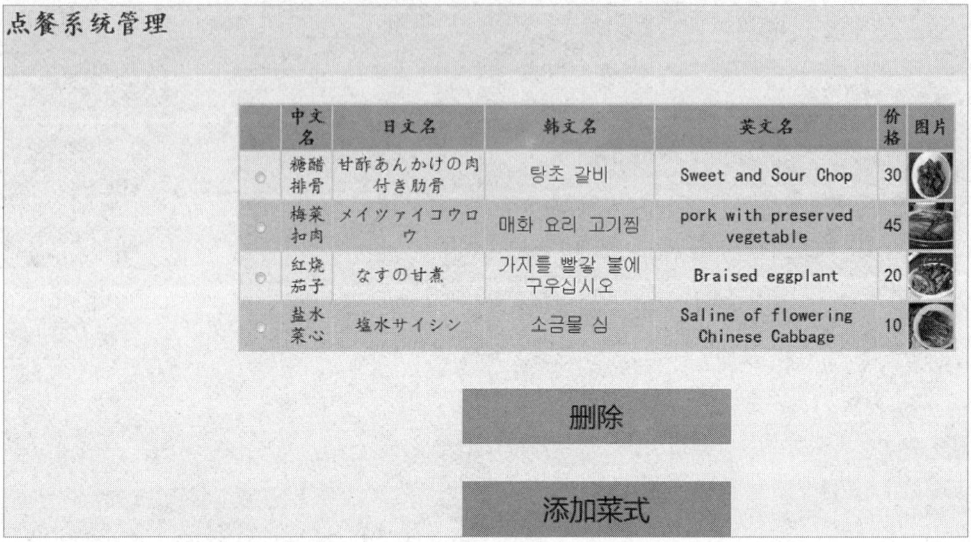

点餐系统管理

	中文名	日文名	韩文名	英文名	价格	图片
	糖醋排骨	甘酢あんかけの肉付き肋骨	탕초 갈비	Sweet and Sour Chop	30	
	梅菜扣肉	メイツァイコウロウ	매화 요리 고기찜	pork with preserved vegetable	45	
	红烧茄子	なすの甘煮	가지를 빨갛 불에 구우십시오	Braised eggplant	20	
	盐水菜心	塩水サイシン	소금물 심	Saline of flowering Chinese Cabbage	10	

删除

添加菜式

图3-20 菜单管理界面

代码如下，用于查询数据库，将数据库中的菜单显示到页面上，并添加添加菜式和删除两个按钮，用于跳转到菜式的添加页面 AddMenu.php 与删除页面 DelMenuStatus.php。页面整体设计采用 DIV+CSS，本页面的 DIV 和 CSS 写在同一个 PHP 中。页面使用了 jQuery，为菜单的奇数行、偶数行、首行设置不同的颜色。使用 Jquery，需要到 jQuery 官网上下载 jQuery.min.js 文件，复制到系统根文件夹 D:\xampp\htdocs\Order\。

D:\xampp\htdocs\Order\ShowMenu.php

```
<!DOCTYPE>
<html>
<head>
<title>点餐系统</title>
<meta http-equiv="Content-Type" CONTENT="text/html; charset=utf-8">
<meta http-equiv="Content-Language" content="zh-CN">
<meta http-equiv="pragma" content="no-cache">
<meta http-equiv="cache-control" content="no-cache">
<meta http-equiv="expires" content="0">
<meta http-equiv="keywords" content="keyword1,keyword2,keyword3">

<!-- 引入Jquery，为菜单表格奇数行、偶数行、首行设置不同颜色 -->
<script src="./jquery.min.js" type="text/javascript"></script>
```

```
<script type="text/javascript">
        $().ready(function(){
            $("#main table tr:even").addClass("t_even");
            $("#main table tr:odd").addClass("t_odd");

            $("#main table tr:first").removeClass("t_even");
            $("#main table tr:first").addClass("t_tit");
        });
</script>

<style type="text/css">
body {
    font-family: "楷体";
    background: #F1F1F1;
    width: 100%;
    height: 100%;
    margin: 0;
}

#head {
    background-color: #E2E2E2;
    padding-top: 30px;
    padding-bottom: 20px;
    margin: 10px;
    margin-bottom: 30px;
}

#head h1 {
    font-size: 30px;
    font-weight: bold;
    color: #000099;
}

#main {
    margin: auto;
    width: 70%;
}

#main table {
    margin: auto;
    background: #CCC;
    text-align: center;
    font-size: 20px;
    width: 800px;
}

#main table, #main table tr, #main table tr td, #main table tr th {
    border: 0px solid;
}

.t_tit {
    background: rgb(114, 164, 202);
```

```
}

.t_even {
    background: rgb(194, 194, 194);
}

.t_odd {
    background: rgb(236, 236, 236);
}

.submit {
    width: 300px;
    height: 60px;
    margin: 40px auto auto auto;
}

.submit input {
    width: 100%;
    height: 100%;
    font-size: 30px;
    font-family: "微软雅黑";
    background: rgb(114, 164, 202);
    border: 0;
    cursor: hand;
}

.submit input:hover {
    background: #0873d7;
}

.submit input:active {
    background: #0873d7;
    border: 2px #FFF solid;
}
</style>
</head>

<body>
<?php
include_once ("./Utils/conn.php"); //连接数据库
getConnection();
//查询语句
$sql = "SELECT * FROM menu";
//执行MySQL语句
$result = mysql_query($sql);
?>
        <div id="head">
        <h1>点餐系统管理</h1>
    </div>
    <div id="main">
        <!--
    实现菜单显示的表单，并跳转到DelMenuStatus.php实现菜式删除功能
```

```
-->
        <form action="DelMenuStatus.php" method="post">
            <table>
                <tr>
                    <th>    </th>
                    <th>中文名</th>
                    <th>日文名</th>
                    <th>韩文名</th>
                    <th>英文名</th>
                    <th>价格</th>
                    <th>图片</th>
                </tr>
                <?php
    while ($row = mysql_fetch_row($result)) {
        ?>
                <tr>
                    <td><input type="radio" " name="id" value="<?php echo $row[0];?>" /></td>
                    <td><?php echo $row[1];?></td>
                    <td><?php echo $row[2];?></td>
                    <td><?php echo $row[3];?></td>
                    <td><?php echo $row[4];?></td>
                    <td><?php echo $row[5];?></td>
                    <td><img src="<?php echo $row[6];?>" width="50" height="50" /></td>
                </tr>
                <?php
    }
    closeConnection();
    ?>
            </table>
            <div class="submit">
                <input type="submit" value="删除" />
            </div>
            <div class="submit">
                <!--
    跳转至菜式添加页面
    -->
                <input type="button" value="添加菜式"
                    onclick="window.location='AddMenu.php'" />
            </div>
        </form>
    </div>
</body>
</html>
```

3．菜式添加页面设计

在系统根文件夹中新建 AddMenu.php，同样使用 mystyle.css 实现样式设计。设计效果如图 3-21 所示。

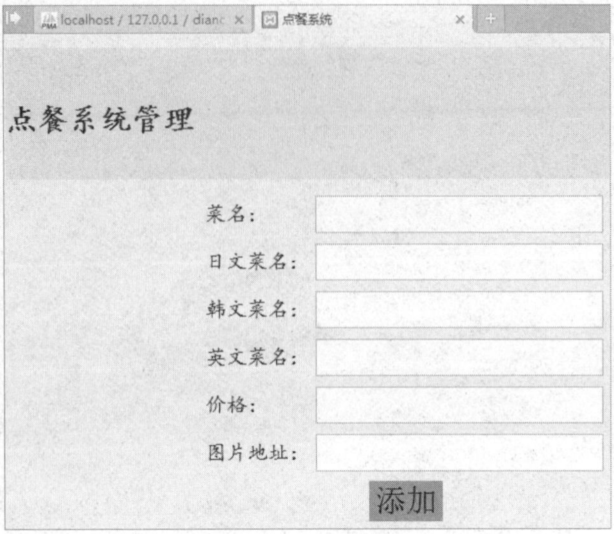

图3-21 菜式添加界面

代码如下，实现在表单中进行新菜式信息输入，单击“添加”按钮，则跳转到AddMenuStatus.php，通过POST方式将表单中的信息发送到AddMenuStatus.php。

D:\xampp\htdocs\Order\AddMenu.php

```
<!DOCTYPE>
<html>
<head>
<title>点餐系统</title>
<meta http-equiv="Content-Type" CONTENT="text/html; charset=utf-8">
<meta http-equiv="Content-Language" content="zh-CN">
<meta http-equiv="pragma" content="no-cache">
<meta http-equiv="cache-control" content="no-cache">
<meta http-equiv="expires" content="0">
<meta http-equiv="keywords" content="keyword1,keyword2,keyword3">
<link rel="stylesheet" type="text/css" href="mystyle.css">
</head>

<body>
    <div id="head">
        <h1>点餐系统管理</h1>
    </div>
    <div id="main">
        <form action="AddMenuStatus.php" method="post">
            <table id="info">
                <tr>
                    <td>菜名：</td>
                    <td><input type="text" id="inputtext" name="name" /></td>
                </tr>
                <tr>
                    <td>日文菜名：</td>
                    <td><input type="text" id="inputtext" name="japname" /></td>
```

```
                </tr>
                <tr>
                    <td>韩文菜名：</td>
                    <td><input type="text" id="inputtext" name="koreaname" /></td>
                </tr>
                <tr>
                    <td>英文菜名：</td>
                    <td><input type="text" id="inputtext" name="englishname" /></td>
                </tr>
                <tr>
                    <td>价格：</td>
                    <td><input type="text" id="inputtext" name="price" /></td>
                </tr>
                <tr>
                    <td>图片地址：</td>
                    <td><input type="text" id="inputtext" / name="photo"></td>
                </tr>
                <tr>
                    <td colspan="2" align="center"><input type="submit" value="添加"
                        id="btn" /></td>
                </tr>
            </table>
        </form>
    </div>
</body>
</html>
```

4．菜式添加状态页面设计

在根文件夹下新建 AddMenuStatus.php，代码如下，用于将用户在 AddMenu.php 页面中输入的信息插入数据库，实现菜式的添加。添加成功后，显示成功信息，并在 3 秒后自动跳转回菜单管理主页面 ShowMenu.php。

D:\xampp\htdocs\Order\AddMenuStatus.php

```
<!DOCTYPE>
<html>
<head>
<title>点餐系统</title>
<meta http-equiv="Content-Type" CONTENT="text/html; charset=utf-8">
<meta http-equiv="Content-Language" content="zh-CN">
<meta http-equiv="pragma" content="no-cache">
<meta http-equiv="cache-control" content="no-cache">
<meta http-equiv="expires" content="0">
<meta http-equiv="keywords" content="keyword1,keyword2,keyword3">
<link rel="stylesheet" type="text/css" href="mystyle.css">
</style>
</head>

<body>
    <div id="head">
```

```
            <h1>点餐系统管理</h1>
        </div>
        <?php
    include_once ("Utils/conn.php");      //连接数据库
    getConnection();
    //获得参数
    $name = $_REQUEST['name'];
    $japname = $_REQUEST['japname'];
    $koreaname = $_REQUEST['koreaname'];
    $englishname = $_REQUEST['englishname'];
    $price = $_REQUEST['price'];
    $photo = $_REQUEST['photo'];
    $s = "select * from menu where Name='$name' and JapName='$japname' and KoreaName=
'$koreaname' and EnglishName='$englishname' and Price='$price' and Photo='$photo';";
    $re = mysql_query($s);
    if (mysql_fetch_row($re) > 0) {
        //返回JSON响应
        echo '菜式已存在';
        closeConnection();                  //关闭连接
        exit();
    }
    //如果数据库中没有则插入新菜单
    $sql = "INSERT INTO menu (Name,JapName,KoreaName,EnglishName,Price,Photo)values('$name','
$japname','$koreaname','$englishname','$price','$photo');";
    //执行MySQL语句
    $result = mysql_query($sql);
    if ($result) {
        echo '添加成功，3秒后自动跳转';
        header("refresh:3;url=ShowMenu.php");
        closeConnection();
    }

    ?>

    </body>
    </html>
```

5．菜式删除状态页面设计

在根文件夹下新建 DelMenuStatus.php，代码如下，用于将用户在 AddMenu.php 页面中选中的菜式从数据库中删除，实现菜式的删除。删除成功后，显示成功信息，并在 3 秒后自动跳转回菜单管理主页面 ShowMenu.php。

D:\xampp\htdocs\Order\DelMenuStatus.php

```
<!DOCTYPE>
<html>
  <head>
    <title>点餐系统</title>
    <meta http-equiv="Content-Type" CONTENT="text/html; charset=utf-8">
    <meta http-equiv="Content-Language" content="zh-CN">
```

```
    <meta http-equiv="pragma" content="no-cache">
    <meta http-equiv="cache-control" content="no-cache">
    <meta http-equiv="expires" content="0">
    <meta http-equiv="keywords" content="keyword1,keyword2,keyword3">
    <link rel="stylesheet" type="text/css" href="mystyle.css">
</style>
  </head>

  <body>
    <div id="head">
        <h1>点餐系统管理</h1>
    </div>
    <div id="main">
        <?php
            include_once ("./Utils/conn.php"); //连接数据库
            getConnection ();
            $id = $_REQUEST['id'];
            $sql = "DELETE FROM `menu` WHERE id = '$id';";
            //执行MySQL语句
            $result = mysql_query($sql);
            if($result){
                echo '删除成功，3秒后自动跳转';
                header("refresh:3;url=ShowMenu.php");
                closeConnection();
            }
        ?>
    </div>
  </body>
</html>
```

6．订单管理主页面设计

在系统根文件夹下新建 ShowOrder.php，实现页面如图 3-22 所示。

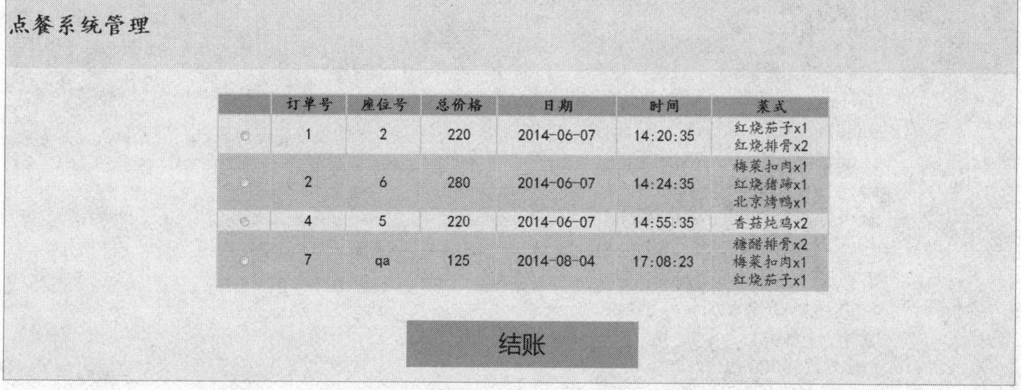

点餐系统管理

	订单号	座位号	总价格	日期	时间	菜式
	1	2	220	2014-06-07	14:20:35	红烧茄子x1 红烧排骨x2
	2	6	280	2014-06-07	14:24:35	梅菜扣肉x1 红烧猪蹄x1 北京烤鸭x1
	4	5	220	2014-06-07	14:55:35	香菇炖鸡x2
	7	qa	125	2014-08-04	17:08:23	糖醋排骨x2 梅菜扣肉x1 红烧茄子x1

结账

图3-22　订单管理界面

代码如下，用于查询数据库，将数据库中的订单显示到页面上，并添加一个按钮

“结账”，用于跳转到结账页面 PayStatus.php。页面整体设计采用 DIV+CSS，本页面的 DIV 和 CSS 写在同一个 PHP 中。页面使用了 jQuery，为菜单的奇数行、偶数行、首行设置不同的颜色。

D:\xampp\htdocs\Order\ShowOrder.php

```
<!DOCTYPE>
<html>
  <head>
    <title>点餐系统</title>
    <meta http-equiv="Content-Type" CONTENT="text/html;charset=utf8">
    <meta http-equiv="Content-Language" content="zh-CN">
    <meta http-equiv="pragma" content="no-cache">
    <meta http-equiv="cache-control" content="no-cache">
    <meta http-equiv="expires" content="0">
    <meta http-equiv="keywords" content="keyword1, keyword2, keyword3">
    <script src="./jquery.min.js" type="text/javascript"></script>

    <script type="text/javascript">

        $().ready(function(){
            $("#main table tr:even").addClass("t_even");
            $("#main table tr:odd").addClass("t_odd");

            $("#main table tr:first").removeClass("t_even");
            $("#main table tr:first").addClass("t_tit");
        });
    </script>

    <style type="text/css">
    body{
    font-family:"楷体";
    background: #F1F1F1;
    width: 100%;
    height: 100%;
    margin:0;
    }
    #head {
        background-color: #E2E2E2;
        padding-top: 30px;
        padding-bottom: 20px;
        margin: 10px;
        margin-bottom: 30px;
        }
    #head h1{
        font-size:30px;
        font-weight: bold;
        color: #000099;
    }
    #main{
        margin:auto;
        width:70%;
```

```
}
#main table{
    margin:auto;
    background: #CCC;
    text-align: center;
    font-size: 20px;
    width: 800px;
}

#main table, #main table tr, #main table tr td,#main table tr th{
    border: 0px solid;
}

.t_tit{
    background:rgb(114, 164, 202);
}
.t_even{
    background:rgb(194, 194, 194);
}
.t_odd{
    background: rgb(236, 236, 236);
}
.submit{
        width: 300px;
        height: 60px;
        margin:40px auto auto auto;

    }
    .submit input{
        width: 100%;
        height: 100%;
        font-size: 30px;
        font-family: "微软雅黑";
        background: rgb(114, 164, 202);
        border:0;
        cursor: hand;
    }
    .submit input:hover     {background: #0873d7;}
    .submit input:active     {background: #0873d7; border:2px #FFF solid;}
</style>
</head>

<body>
    <?php
        include_once ("./Utils/conn.php"); //连接数据库
        getConnection ();
        $sql = "select * from ordertab order by orderid asc";
         //执行MySQL语句
        $result = mysql_query($sql);
    ?>
    <div id="head">
        <h1>点餐系统管理</h1>
```

```
        </div>
        <div id="main">
        <form action="PayStatus.php" method="post">
            <table>
                <tr>
                    <th>    </th>
                    <th>订单号</th>
                    <th>座位号</th>
                    <th>总价格</th>
                    <th>日期</th>
                    <th>时间</th>
                    <th>菜式</th>
                </tr>
                <?php
                    while ($row = mysql_fetch_row($result)){
                ?>
                <tr>
                    <td><input type="radio"" name="orderid" value="<?php echo $row[0];?>"/></td>
                    <td><?php echo $row[0];?></td>
                    <td><?php echo $row[1];?></td>
                    <td><?php echo $row[2];?></td>
                    <td><?php echo $row[3];?></td>
                    <td><?php echo $row[4];?></td>
                    <td><?php
                            $sql2 = "SELECT * FROM `orderdetail`;";
                            $result2 = mysql_query($sql2);
                            $k = 1;
                            while ($row2 = mysql_fetch_row($result2))
                            {
                                if($row[0]==$row2[0]){
                                    echo $row2[1]."x".$row2[2]."<br/>";
                                    $k++;
                                }
                            }
                            ?></td>
                </tr>
                <?php }
                closeConnection();
                ?>
            </table>
            <div class="submit">
                <input  type="submit" value="结账">
            </div>
            </form>
        </div>
    </body>
</html>
```

7．结账页面设计

在系统根文件夹下新建 PayStatus.php，代码如下。用户结账后，删除选中的订单。

```
D:\xampp\htdocs\Order\PayStatus.php
<!DOCTYPE>
<html>
  <head>
    <title>点餐系统</title>
    <meta http-equiv="Content-Type" CONTENT="text/html; charset=utf-8">
    <meta http-equiv="Content-Language" content="zh-CN">
    <meta http-equiv="pragma" content="no-cache">
    <meta http-equiv="cache-control" content="no-cache">
    <meta http-equiv="expires" content="0">
    <meta http-equiv="keywords" content="keyword1,keyword2,keyword3">
    <link rel="stylesheet" type="text/css" href="mystyle.css">
</style>
  </head>

  <body>
    <div id="head">
        <h1>点餐系统管理</h1>
    </div>
    <div id="main">
        <?php
            //获取要删除的订单号
            $odrerid = $_REQUEST['orderid'];
            include_once ("Utils/conn.php"); //连接数据库
            getConnection ();
            //根据订单号删除数据SQL语句
            $sql1 = "DELETE FROM `ordertab` WHERE orderid = '$odrerid';";
            $sql2 = "DELETE FROM `orderdetail` WHERE orderid = '$odrerid';";

            //执行MySQL语句
            $result1 = mysql_query($sql1);
            $result2 = mysql_query($sql2);
            if($result1&&$result2){
                echo '支付成功，3秒后自动跳转';
                header("refresh:3;url=ShowOrder.php");
                closeConnection();
            }

        ?>
    </div>
  </body>
</html>
```

任务 3-3　客户端开发

3.3.1　客户端文件结构

点菜系统客户端为 Android 客户端，主要实现的功能包括注册、登录、查看多语言菜单、下单。餐厅可为每张桌子配备一部手机，当有不同客户光临的时候，通过手机端点餐。在收银台的计算机的管理端可以查看所点菜式的中文名和数量。客户端主要描述分5个模块。

- 主界面：跳转登录或者注册界面。
- 登录模块：验证码，登录后获得对面座位的信息。
- 注册模块：注册用户和座位号的信息。
- 菜单模块：根据所选标签，获取不同语言菜式，选择菜式和数量发送到订单界面。
- 订单模块：查看已点菜式和数量，提醒用户确定无误后将订单发送到服务端。

客户端文件结构如图3-23所示，源文件共分4个包。

图3-23　客户端文件结构

3.3.2　客户端开发

1. 主界面

1）创建工程

新建Android工程diancai，然后在src中建立如图3-24所示的包名。

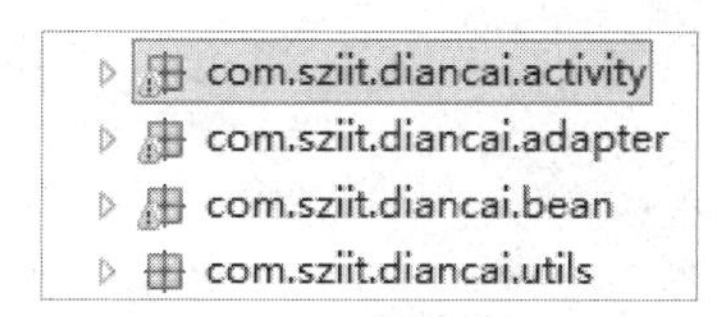

图3-24　包名

2）创建启动界面（主界面）视图

（1）右击包 com.sziit.diancai.activity，在弹出的快捷菜单中选择 new → other 命令。

（2）弹出选择框，选择 Android → Android Activity → Blank Activity → Next 操作路径，勾选 Launcher Activity 复选框，如图 3-25 所示。

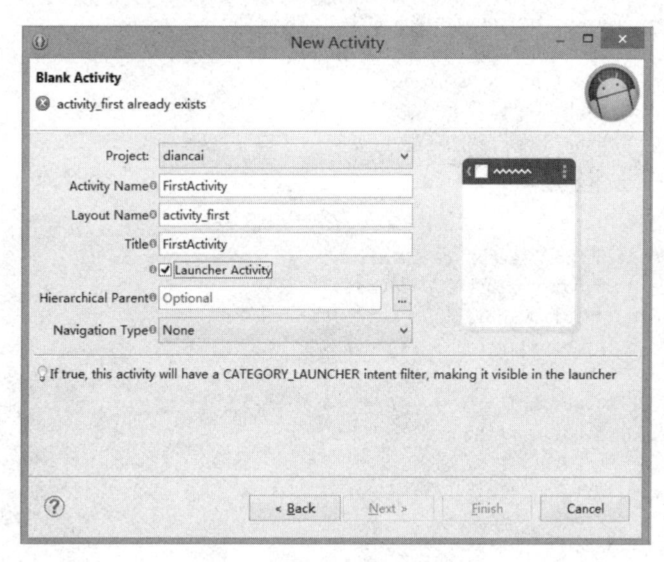

图3-25　New Activity对话框

3）编写主界面布局

将本书资源文件中的相关图片复制到“.\diancai\res\drawable-hdmi”文件夹。打开 activity_first.xml，编写布局文件，添加登录和注册两个按钮，代码如下。

```
.\diancai\res\layout\activity_first.xml

<RelativeLayout xmlns:android="http://schemas.android.com/apk/res/android"
    xmlns:tools="http://schemas.android.com/tools"
    android:layout_width="match_parent"
    android:layout_height="match_parent"
    android:paddingBottom="@dimen/activity_vertical_margin"
    android:paddingLeft="@dimen/activity_horizontal_margin"
    android:paddingRight="@dimen/activity_horizontal_margin"
    android:paddingTop="@dimen/activity_vertical_margin"
    android:background="#F0E68C"
    tools:context=".FirstActivity" >
```

```
    <ImageView
        android:id="@+id/imageView1"
        android:layout_width="200dp"
        android:layout_height="200dp"
        android:layout_alignParentTop="true"
        android:layout_centerHorizontal="true"
        android:layout_marginTop="67dp"
        android:src="@drawable/icon" />

    <Button
        android:id="@+id/first_loginbtn"
        android:layout_width="wrap_content"
        android:layout_height="wrap_content"
        android:layout_alignLeft="@+id/imageView1"
        android:layout_alignRight="@+id/imageView1"
        android:layout_below="@+id/imageView1"
        android:layout_marginTop="14dp"
        android:background="#FF8C00"
        android:text="登      录" />

    <Button
        android:id="@+id/first_registerbtn"
        android:layout_width="wrap_content"
        android:layout_height="wrap_content"
        android:layout_alignLeft="@+id/first_loginbtn"
        android:layout_alignRight="@+id/first_loginbtn"
        android:layout_below="@+id/first_loginbtn"
        android:layout_marginTop="15dp"
        android:background="#FFD700"
        android:text="注      册" />

</RelativeLayout>
```

实现布局效果如图 3-26 所示。

图3-26 主界面

4）编写主界面代码

打开 FirstActivity.java，在 onCreate() 加载按钮并监听跳转到相应界面，代码如下。

```
.\diancai\src\com.sziit.diancai.activity\FirstActivity.java

package com.sziit.diancai.activity;

import com.sziit.diancai.R;
import android.os.Bundle;
import android.app.Activity;
import android.content.Intent;
import android.view.Menu;
import android.view.View;
import android.view.View.OnClickListener;
import android.widget.Button;

public class FirstActivity extends Activity {
    @Override
    protected void onCreate(Bundle savedInstanceState) {
        super.onCreate(savedInstanceState);
        setContentView(R.layout.activity_first);

         Button login = (Button) findViewById(R.id.first_loginbtn);
         Button register = (Button) findViewById(R.id.first_registerbtn);
         //登录按钮跳转
         login.setOnClickListener(new OnClickListener() {
            @Override
            public void onClick(View arg0) {
                //TODO Auto-generated method stub
                Intent intent = new Intent();
                intent.setClass(FirstActivity.this, LoginActivity.class);
                startActivity(intent);
            }
        });
         //注册按钮跳转
         register.setOnClickListener(new OnClickListener() {
            @Override
            public void onClick(View arg0) {
                //TODO Auto-generated method stub
                Intent intent = new Intent();
                intent.setClass(FirstActivity.this, RegisterActivity.class);
                startActivity(intent);
            }
        });
    }

    @Override
    public boolean onCreateOptionsMenu(Menu menu) {
        //加载程序菜单项
        getMenuInflater().inflate(R.menu.first, menu);
        return true;
    }

}
```

2．注册模块

1）创建注册视图

（1）用鼠标右键单击 com.sziit.diancai.activity，在弹出的快捷菜单中选择 new → other 命令。

（2）弹出选择框，选择 Android → Android Activity → Blank Activity → Next 操作路径，新建 RegisterActivity，如图 3-27 所示。

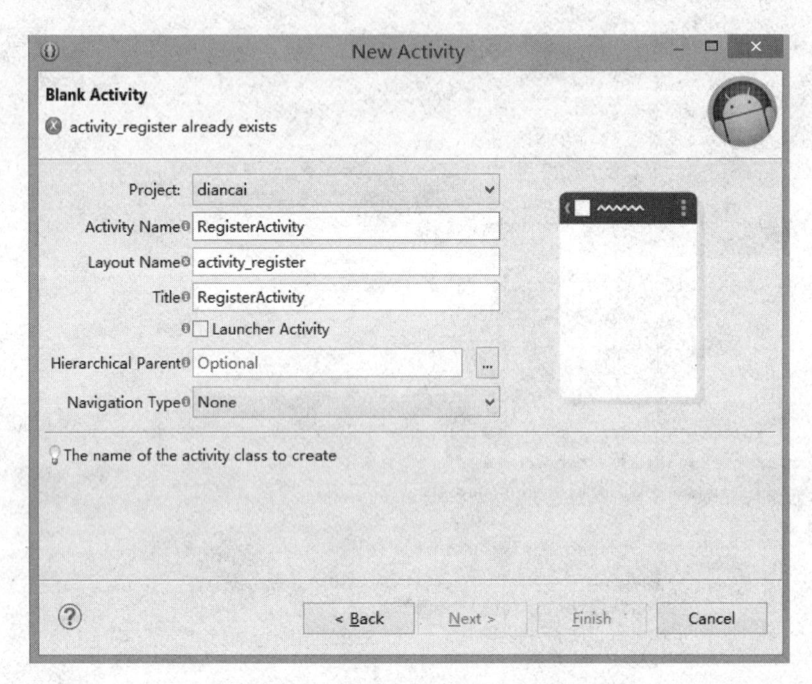

图3-27　新建视图

2）编写注册视图布局

打开 activity_register.xml，编写代码如下。

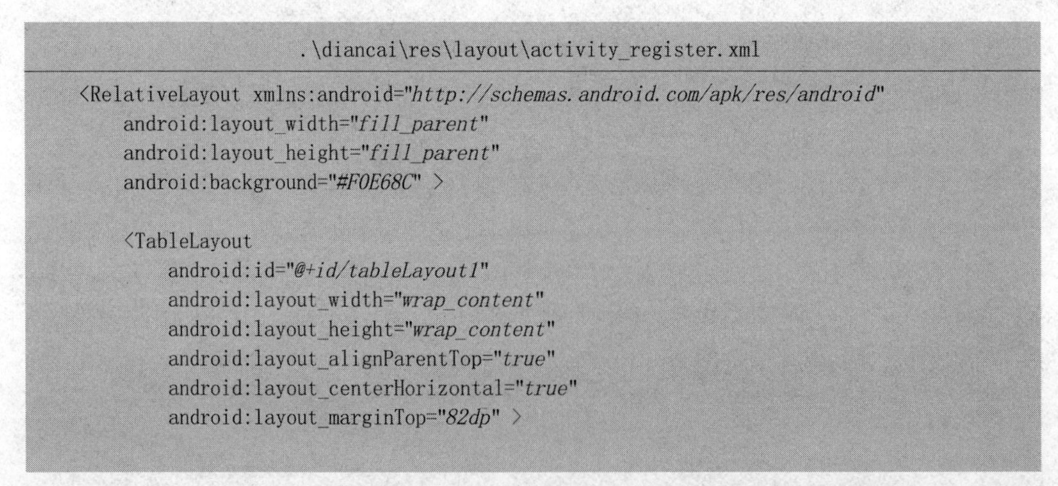

```
.\diancai\res\layout\activity_register.xml

<RelativeLayout xmlns:android="http://schemas.android.com/apk/res/android"
    android:layout_width="fill_parent"
    android:layout_height="fill_parent"
    android:background="#F0E68C" >

    <TableLayout
        android:id="@+id/tableLayout1"
        android:layout_width="wrap_content"
        android:layout_height="wrap_content"
        android:layout_alignParentTop="true"
        android:layout_centerHorizontal="true"
        android:layout_marginTop="82dp" >
```

```
<TableRow
    android:id="@+id/tableRow1"
    android:layout_width="wrap_content"
    android:layout_height="wrap_content"
    android:layout_margin="5dp">

    <TextView
        android:id="@+id/textView1"
        android:layout_width="wrap_content"
        android:layout_height="wrap_content"
        android:text="用    户："
        android:textColor="#2F4F4F" />

    <EditText
        android:id="@+id/register_User"
        android:layout_width="178dp"
        android:background="@drawable/bg_button"
         android:maxLines="1"
        android:layout_height="wrap_content" >

        <requestFocus />
    </EditText>
</TableRow>

<TableRow
    android:id="@+id/tableRow2"
    android:layout_width="wrap_content"
    android:layout_height="wrap_content"
     android:layout_margin="5dp" >

    <TextView
        android:id="@+id/textView2"
        android:layout_width="wrap_content"
        android:layout_height="wrap_content"
        android:text="密    码："
        android:textColor="#2F4F4F" />

    <EditText
        android:id="@+id/register_Password"
        android:layout_width="178dp"
        android:layout_height="wrap_content"
        android:background="@drawable/bg_button"
         android:maxLines="1"
        android:inputType="textPassword" />
</TableRow>

<TableRow
    android:id="@+id/tableRow3"
    android:layout_width="wrap_content"
    android:layout_height="wrap_content"
     android:layout_margin="5dp">
```

```
            <TextView
                android:id="@+id/TextView01"
                android:layout_width="wrap_content"
                android:layout_height="wrap_content"
                android:text="确定密码"
                android:textColor="#2F4F4F" />

            <EditText
                android:id="@+id/register_RePassword"
                android:layout_width="178dp"
                android:layout_height="wrap_content"
                android:background="@drawable/bg_button"
                 android:maxLines="1"
                android:inputType="textPassword" />
        </TableRow>

        <TableRow
            android:id="@+id/tableRow4"
            android:layout_width="wrap_content"
            android:layout_height="wrap_content"
             android:layout_margin="5dp">

            <TextView
                android:id="@+id/TextView02"
                android:layout_width="wrap_content"
                android:layout_height="wrap_content"
                android:text="座位号："
                android:textColor="#2F4F4F" />

            <EditText
                android:id="@+id/register_num"
                android:layout_width="174dp"
                android:layout_height="wrap_content"
                android:maxLines="1"
                android:background="@drawable/bg_button"/>
        </TableRow>
    </TableLayout>

    <Button
        android:id="@+id/register"
        android:layout_width="wrap_content"
        android:layout_height="wrap_content"
        android:layout_alignLeft="@+id/tableLayout1"
        android:layout_alignRight="@+id/tableLayout1"
        android:layout_below="@+id/tableLayout1"
         android:background="@drawable/button_selector"
        android:layout_marginTop="40dp"
        android:text="注      册" />

</RelativeLayout>
```

实现注册界面效果如图 3-28 所示。

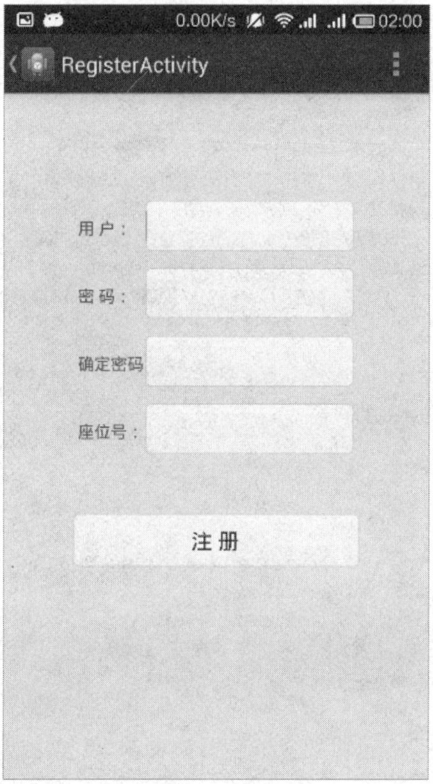

图3-28　注册界面

3）编写HTTP访问功能类

在com.sziit.diancai.utils包中新建功能类HttpPostUtil.java，封装HTTP POST信息的发送方法并返回JSON数据，代码如下，请根据服务端的IP地址设置服务器IP地址（与数据库中设置的IP保持一致）。

```
\diancai\src\com.sziit.diancai.utils\HttpPostUtil.java

package com.sziit.diancai.utils;

import java.io.ByteArrayOutputStream;
import java.io.IOException;
import java.io.InputStream;
import java.io.OutputStream;
import java.io.UnsupportedEncodingException;
import java.net.HttpURLConnection;
import java.net.URL;
import java.net.URLEncoder;
import java.util.Map;

import android.graphics.Bitmap;
import android.graphics.BitmapFactory;

public class HttpPostUtil {
```

```
private static String[] sessionId = null;

//请求服务器端的URL
public static String PATH = "http://192.168.253.3/Order/Main/";
public static String IMAGE_PATH = PATH + "Image.php";
public static String REGISTER_PATH = PATH + "Register.php";
public static String LOGIN_PATH = PATH + "Login.php";
public static String MENU_PATH = PATH + "ShowMenu.php";
public static String ORDER_PATH = PATH + "AddOrder.php";

/**
 * @param params
 *            填写的URL的参数
 * @param encode
 *            字节编码
 * @return
 */
public static String sendPostMessage(Map<String, String> params,
        String encode, String url_path) {
    URL url;
    //作为StringBuffer初始化的字符串
    StringBuffer buffer = new StringBuffer();
    try {
        url = new URL(url_path);
        if (params != null && !params.isEmpty()) {
            for (Map.Entry<String, String> entry : params.entrySet()) {
                //完成转码操作
                buffer.append(entry.getKey())
                        .append("=")
                        .append(URLEncoder.encode(entry.getValue(), encode))
                        .append("&");
            }
            buffer.deleteCharAt(buffer.length() - 1);
        }
        //System.out.println(buffer.toString());
        //删除最右一个&

        System.out.println("-->" + buffer.toString());
        HttpURLConnection urlConnection = (HttpURLConnection) url
                .openConnection();
        urlConnection.setConnectTimeout(3000);
        urlConnection.setRequestMethod("POST");
        urlConnection.setDoInput(true); //表示从服务器获取数据
        urlConnection.setDoOutput(true);//表示向服务器写数据

        if (sessionId[0] != null) {
            urlConnection.setRequestProperty("cookie", sessionId[0]);
        }
        //获得上传信息的字节大小及长度
        byte[] mydata = buffer.toString().getBytes();
        //表示设置请求体的类型是文本类型
        urlConnection.setRequestProperty("Content-Type",
```

```
                    "application/x-www-form-urlencoded");
            urlConnection.setRequestProperty("Content-Length",
                    String.valueOf(mydata.length));
            //获得输出流，向服务器输出数据
            OutputStream outputStream = urlConnection.getOutputStream();
            outputStream.write(mydata, 0, mydata.length);
            outputStream.close();
            //获得服务器响应的结果和状态码
            int responseCode = urlConnection.getResponseCode();
            if (responseCode == 200) {
                return changeInputStream(urlConnection.getInputStream(), encode);
            }
        } catch (UnsupportedEncodingException e) {
            //TODO Auto-generated catch block
            e.printStackTrace();
        } catch (IOException e) {
            //TODO Auto-generated catch block
            e.printStackTrace();
        }
        return "";
    }

    /**
     * 将一个输入流转换成指定编码的字符串
     *
     * @param inputStream
     * @param encode
     * @return
     */
    private static String changeInputStream(InputStream inputStream,
            String encode) {
        //TODO Auto-generated method stub
        ByteArrayOutputStream outputStream = new ByteArrayOutputStream();
        byte[] data = new byte[1024];
        int len = 0;
        String result = "";
        if (inputStream != null) {
            try {
                while ((len = inputStream.read(data)) != -1) {
                    outputStream.write(data, 0, len);
                }
                result = new String(outputStream.toByteArray(), encode);
            } catch (IOException e) {
                //TODO Auto-generated catch block
                e.printStackTrace();
            }
        }
        return result;
    }

    /**
     * 获取网络图片资源
     * @param url
```

```
     * @return Bitmap
     */
    public static Bitmap getHttpBitmap(String url){
        URL myFileURL;
        Bitmap bitmap=null;
        try{
            myFileURL = new URL(url);
            //获得连接
            HttpURLConnection conn=(HttpURLConnection)myFileURL.openConnection();
            //设置超时时间为6000毫秒，conn.setConnectionTiem(0);表示没有时间限制
            conn.setConnectTimeout(6000);
            //连接设置获得数据流
            conn.setDoInput(true);
            //记住session
            String session_value = conn.getHeaderField("Set-Cookie" );
            sessionId = session_value.split(";");

            conn.connect();
            //得到数据流
            InputStream is = conn.getInputStream();
            //解析得到图片
            bitmap = BitmapFactory.decodeStream(is);
            //关闭数据流
            is.close();
        }catch(Exception e){
            e.printStackTrace();
        }
        return bitmap;
    }

}
```

4）编写注册视图代码

打开 RegisterActivity.java，编写代码如下，在子线程中调用“.\diancai\src\com.sziit.diancai.utils\HttpPostUtil.java”，实现 HTTP 异步访问。

.\diancai\src\com.sziit.diancai.activity\RegisterActivity.java

```
package com.sziit.diancai.activity;

import java.util.HashMap;
import java.util.Map;

import org.json.JSONException;
import org.json.JSONObject;

import com.sziit.diancai.R;
import com.sziit.diancai.activity.OrderActivity.OrderHandler;
import com.sziit.diancai.utils.HttpPostUtil;

import android.os.Bundle;
import android.os.Handler;
```

```
import android.os.Message;
import android.app.ActionBar;
import android.app.Activity;
import android.view.Menu;
import android.view.MenuItem;
import android.view.View;
import android.view.View.OnClickListener;
import android.widget.Button;
import android.widget.EditText;
import android.widget.Toast;

public class RegisterActivity extends Activity {
    //定义全局变量，4个EditText
    private EditText user;
    private EditText password;
    private EditText repassword;
    private EditText num;

    //将RegisterHandler作为全局变量实例化
    private RegisterHandler handler = new RegisterHandler();

    @Override
    protected void onCreate(Bundle savedInstanceState) {
        super.onCreate(savedInstanceState);
        setContentView(R.layout.activity_register);

        //添加ActionBar左上角的返回键
        ActionBar actionBar = getActionBar();
        actionBar.setDisplayHomeAsUpEnabled(true);

        //初始化EditText
        user = (EditText) findViewById(R.id.register_User);
        password = (EditText) findViewById(R.id.register_Password);
        repassword = (EditText) findViewById(R.id.register_RePassword);
        num = (EditText) findViewById(R.id.register_num);

        //获取登录按钮。监听按下时启动RegisterThread线程
        Button register = (Button) findViewById(R.id.register);

        //监听注册按钮
        register.setOnClickListener(new OnClickListener() {
            @Override
            public void onClick(View arg0) {
                //TODO Auto-generated method stub
                RegisterThread thread = new RegisterThread();
                thread.start();
            }
        });

    }

    //监听左上角返回
    @Override
```

```
    public boolean onOptionsItemSelected(MenuItem item) {
        //TODO Auto-generated method stub
        if (item.getItemId() == android.R.id.home) {
            finish();
            return true;
        }
        return super.onOptionsItemSelected(item);
    }

    @Override
    public boolean onCreateOptionsMenu(Menu menu) {
        //加载程序菜单项
        getMenuInflater().inflate(R.menu.register, menu);
        return true;
    }

    //判断密码和重复密码是否相同
    private Boolean isEqual(){
        if(password.getText().toString().equals(repassword.getText().toString())){
            return true;
        }else {
            return false;
        }
    }

    //判断是否为空
    private Boolean isNotNull(){
        if(user.getText().toString().equals("")||password.getText().toString().
equals("")||repassword.getText().toString().equals("")||num.getText().toString().equals("")){
            return false;
        }else{
            return true;
        }
    }


    //自定义内部类RegisterThread继承Thread
    class RegisterThread extends Thread {
        @Override
        public void run() {
            if(isEqual()&&isNotNull()){
                HttpPostUtil httppostutil = new HttpPostUtil();
                //传入HTTP请求参数
                Map<String, String> params = new HashMap<String, String>();
                params.put("username", user.getText().toString());
                params.put("password", password.getText().toString());
                params.put("num", num.getText().toString());
                String result = HttpPostUtil.sendPostMessage(params, "utf-8",
                        HttpPostUtil.REGISTER_PATH);
                try {
                    JSONObject jsonObject = new JSONObject(result);
                    if (jsonObject.getString("status").equals("0")) {
```

```
                    showMessage(jsonObject.getString("mes"));
                    finish();
                }else{
                    showMessage(jsonObject.getString("mes"));
                }
            } catch (JSONException e) {
                //TODO Auto-generated catch block
                showMessage("json解析错误");
            }
        }else{
            showMessage("密码和重复密码不相符或者参数未填");
        }
    }
    /*
     * 调用本方法，通过handler对象将信息发送到主线程
     */
    private void showMessage(String message) {
        Message msg = Message.obtain(handler, OrderHandler.MESSAGE);
        msg.obj = message;
        msg.sendToTarget();
        msg.setTarget(handler);
    }
}

//自定义RegisterHandler内部类继承Handler类
class RegisterHandler extends Handler {
    //发送信息
    public static final int MESSAGE = 0x0001;

    @Override
    public void handleMessage(Message msg) {
        if (msg.what == MESSAGE) {
            Toast.makeText(RegisterActivity.this, msg.obj.toString(),
                    Toast.LENGTH_SHORT).show();
        }
    }
}
}
```

5）添加 Internet 访问权限

打开 AndroidManifest.xml，添加 Internet 访问权限，代码如下。

```
.\diancai\AndroidManifest.xml
<uses-permission android:name="android.permission.INTERNET" />
<uses-permission android:name="android.permission.ACCESS_WIFI_STATE"/>
```

3. 登录模块

1）创建登录视图

（1）用鼠标右键单击包 com.sziit.diancai.activity，在弹出的快捷菜单中选择 new → other 命令。

（2）弹出选择框，选择 Android → Android Activity → Blank Activity → Next 操作路径，新建 LoginActivity，如图 3-29 所示。

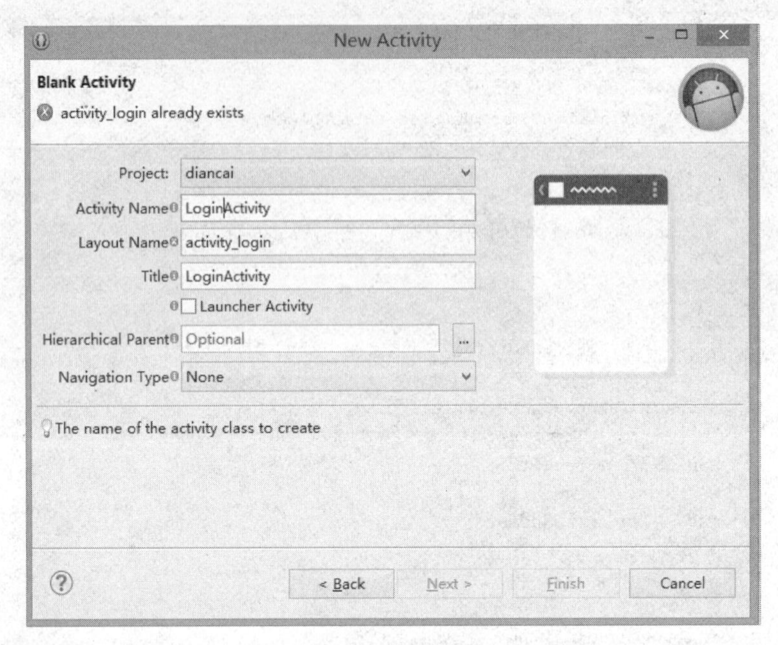

图3-29 新建视图

2）编写登录视图布局

打开 activity_login.xml，编写代码如下。

```
.\diancai\res\layout\activity_login.xml

<RelativeLayout xmlns:android="http://schemas.android.com/apk/res/android"
    android:layout_width="fill_parent"
    android:layout_height="fill_parent"
    android:background="#F0E68C" >

    <LinearLayout
        android:id="@+id/linearLayout1"
        android:layout_width="wrap_content"
        android:layout_height="wrap_content"
        android:layout_alignParentTop="true"
        android:layout_centerHorizontal="true"
        android:layout_marginTop="136dp" >

        <TextView
            android:id="@+id/textView1"
            android:layout_width="wrap_content"
            android:layout_height="wrap_content"
            android:text="登    录："
            android:textColor="#2F4F4F" />

        <EditText
```

```
            android:id="@+id/login_username"
            android:layout_width="170dp"
            android:layout_height="wrap_content"
            android:background="@drawable/bg_button"
            android:maxLines="1" >

            <requestFocus />
        </EditText>
    </LinearLayout>

    <LinearLayout
        android:id="@+id/linearLayout2"
        android:layout_width="wrap_content"
        android:layout_height="wrap_content"
        android:layout_alignLeft="@+id/linearLayout1"
        android:layout_below="@+id/linearLayout1"
        android:layout_marginTop="24dp" >

        <TextView
            android:id="@+id/textView2"
            android:layout_width="wrap_content"
            android:layout_height="wrap_content"
            android:text="密    码: "
            android:textColor="#2F4F4F" />

        <EditText
            android:id="@+id/login_password"
            android:layout_width="172dp"
            android:layout_height="wrap_content"
            android:background="@drawable/bg_button"
            android:inputType="textPassword"
            android:maxLines="1" />
    </LinearLayout>

    <LinearLayout
        android:id="@+id/linearLayout3"
        android:layout_width="wrap_content"
        android:layout_height="wrap_content"
        android:layout_alignLeft="@+id/linearLayout2"
        android:layout_alignRight="@+id/login"
        android:layout_below="@+id/linearLayout2"
        android:layout_marginTop="35dp" >

        <ImageView
            android:id="@+id/code_image"
            android:layout_width="match_parent"
            android:layout_height="match_parent"
            android:layout_weight="108.82"
            android:src="@drawable/ic_launcher" />

        <EditText
            android:id="@+id/login_code"
            android:layout_width="170dp"
```

```
            android:layout_height="wrap_content"
            android:layout_weight="79.57"
            android:background="@drawable/bg_button"
            android:ems="10" />
    </LinearLayout>

    <Button
        android:id="@+id/reset"
        android:layout_width="wrap_content"
        android:layout_height="wrap_content"
        android:layout_alignLeft="@+id/linearLayout3"
        android:layout_below="@+id/linearLayout3"
        android:layout_marginTop="26dp"
        android:background="@drawable/button_selector"
        android:text="重    置" />

    <Button
        android:id="@+id/login"
        android:layout_width="wrap_content"
        android:layout_height="wrap_content"
        android:layout_alignBaseline="@+id/reset"
        android:layout_alignBottom="@+id/reset"
        android:layout_alignRight="@+id/linearLayout1"
        android:background="@drawable/button_selector"
        android:text="登    录" />

</RelativeLayout>
```

实现登录界面效果如图 3-30 所示。

图3-30 登录界面

3）编写登录视图代码

打开 LoginActivity.java，编写代码如下，在子线程中调用“.\diancai\src\com.sziit.diancai.utils\HttpPostUtil.java”，实现 HTTP 异步访问。

.\diancai\src\com.sziit.diancai.activity\LoginActivity.java

```
package com.sziit.diancai.activity;

import java.util.HashMap;
import java.util.Map;

import org.json.JSONException;
import org.json.JSONObject;

import android.app.ActionBar;
import android.app.Activity;
import android.content.Intent;
import android.content.SharedPreferences;
import android.graphics.Bitmap;
import android.os.Bundle;
import android.os.Handler;
import android.os.Message;
import android.view.Menu;
import android.view.MenuItem;
import android.view.View;
import android.view.View.OnClickListener;
import android.widget.Button;
import android.widget.EditText;
import android.widget.ImageView;
import android.widget.Toast;

import com.sziit.diancai.R;
import com.sziit.diancai.utils.HttpPostUtil;

public class LoginActivity extends Activity {

    //5)以全局变量初始LoginHandler
    private LoginHandler handler = new LoginHandler();

    //1)定义控件的全局变量
    private ImageView ivCode = null;
    private EditText username,password,code ;
    private Button login,reset;

    @Override
    protected void onCreate(Bundle savedInstanceState) {
        super.onCreate(savedInstanceState);
        setContentView(R.layout.activity_login);

        //2)添加ActionBar左上角的返回键，初始化控件
        ActionBar actionBar = getActionBar();
        actionBar.setDisplayHomeAsUpEnabled(true);
```

```
        username = (EditText) findViewById(R.id.login_username);
        password = (EditText) findViewById(R.id.login_password);
        code = (EditText) findViewById(R.id.login_code);
        login = (Button) findViewById(R.id.login);
        reset = (Button) findViewById(R.id.reset);

        //获取一个SharedPreferences对象
         SharedPreferences settings = getSharedPreferences("user_info", 0);
         String usernameStr = settings.getString("username", "");  //取出保存的NAME
         String passwordStr = settings.getString("password", ""); //取出保存的PASSWORD
         //Set value
         username.setText(usernameStr);  //将取出来的用户名赋予EditText
         password.setText(passwordStr);  //将取出来的密码赋予EditText

        //8)监听重置和登录按钮
         reset.setOnClickListener(new OnClickListener() {
            @Override
            public void onClick(View arg0) {
                //TODO Auto-generated method stub
                username.setText("");
                password.setText("");
                code.setText("");
            }
        });

        login.setOnClickListener(new OnClickListener() {
            @Override
            public void onClick(View arg0) {
                //TODO Auto-generated method stub
                LoginThread thread = new LoginThread();
                thread.start();
            }
        });

        //验证码图片控件设置单击事件，刷新验证码
        ivCode = (ImageView) findViewById(R.id.code_image);
        ImageThread thread = new ImageThread();
        thread.start();

        ivCode.setOnClickListener(new OnClickListener() {

            @Override
            public void onClick(View v) {
                ImageThread thread = new ImageThread();
                thread.start();
            }
        });

    }

    //3)监听左上角返回
```

```
@Override
public boolean onOptionsItemSelected(MenuItem item) {
    //TODO Auto-generated method stub
    if (item.getItemId() == android.R.id.home) {
        finish();
        return true;
    }
    return super.onOptionsItemSelected(item);
}

@Override
public boolean onCreateOptionsMenu(Menu menu) {
    //加载程序菜单项
    getMenuInflater().inflate(R.menu.login, menu);
    return true;
}

@Override

protected void onStop(){
    super.onStop();
  //获取一个SharedPreferences对象
    SharedPreferences settings = getSharedPreferences("user_info", 0);
    settings.edit()
    .putString("username", username.getText().toString())
    .putString("password", password.getText().toString())
    .commit();
} //将用户名和密码保存进去


//4)自定义内部类LoginHandler继承Handler
class LoginHandler extends Handler {
    //更新验证码
    public static final int SHOW_NETWORK_IMAGE = 0x0001;
    //显示信息
    public static final int SHOW_MESSAGE = 0x0002;

    @Override
    public void handleMessage(Message msg) {
        if (msg.what == SHOW_NETWORK_IMAGE) {
            Bitmap bitmap = (Bitmap) msg.obj;
            ivCode.setImageBitmap(bitmap);
        }
        if (msg.what == SHOW_MESSAGE) {
            Toast.makeText(LoginActivity.this, msg.obj.toString(),
                    Toast.LENGTH_LONG).show();
        }
    }
}

    //6)自定义内部类ImageThread。验证码加载线程。调用HttpPostUtil来获取验证码图片，再通
过Handler将图片发送到主线程
```

```
        class ImageThread extends Thread {
            @Override
            public void run() {
                HttpPostUtil httppostutil = new HttpPostUtil();
                Bitmap bitmap = HttpPostUtil.getHttpBitmap(HttpPostUtil.IMAGE_PATH);
                showImage(bitmap);
            }

            /*
             * 通过handler对象将验证码图片发送给主线程并提醒其更新主界面验证码
             */
            private void showImage(Bitmap bitmap) {
                //显示图片的操作不能出现在子线程中，需要由Handler来完成
                Message msg = Message.obtain(handler,LoginHandler.SHOW_NETWORK_IMAGE);
                msg.obj = bitmap;
                msg.sendToTarget();
            }
        }

        /*
        * 7)自定义内部类LoginThread。登录线程。将信息发送到服务器验证。如果登录成功则跳转到
下一个界面，否则更新验证码
        */
        class LoginThread extends Thread {
            @Override
            public void run() {
                HttpPostUtil httppostutil = new HttpPostUtil();
                //传入HTTP请求参数
                Map<String, String> params = new HashMap<String, String>();
                params.put("username", username.getText().toString());
                params.put("password", password.getText().toString());
                params.put("code", code.getText().toString());
                String result = HttpPostUtil.sendPostMessage(params, "utf-8", HttpPostUtil.
LOGIN_PATH);
                try {
                    JSONObject jsonObject = new JSONObject(result);
                    if(jsonObject.getString("status").equals("0")){
                        Intent intent = new Intent();
                        Bundle bundle = new Bundle();
                        bundle.putString("num", jsonObject.getString("num"));
                        intent.putExtras(bundle);
                        intent.setClass(LoginActivity.this, MenuActivity.class);
                        startActivity(intent);
                        finish();
                    }else{
                        showMessage(jsonObject.getString("mes"));
                    }
                } catch (JSONException e) {
                    //TODO Auto-generated catch block
                    e.printStackTrace();
                }
            }
```

```
        /*
         * 如果登录发生错误，则调用本方法，通过handler对象将登录信息发送到主线程
         */
        private void showMessage(String message) {
            Message msg = Message.obtain(handler, LoginHandler.SHOW_MESSAGE);
            msg.obj = message;
            msg.sendToTarget();
            if (!message.contains("无法连接远程服务器")) {
                ImageThread thread = new ImageThread();
                thread.start();
            }
        }
    }

}
```

4．菜单模块

1）创建菜单视图

按上面的方法新建视图 MenuActivity，对应的类文件与布局文件分别为 MenuActivity.java 和 activity_menu.xml。

2）预定义字符串值

打开 res\values\strings.xml，把列表名输入进去方便以后调用。

.\diancai\res\values\strings.xml

```
<?xml version="1.0" encoding="utf-8"?>
<resources>

     <string name="app_name">diancai</string>
    <string name="action_settings">Settings</string>
    <string name="hello_world">Hello world!</string>
    <string name="title_activity_login">LoginActivity</string>
    <string name="title_activity_first">FirstActivity</string>
    <string name="title_activity_register">RegisterActivity</string>
    <string name="title_activity_menu">MenuActivity</string>
    <string name="title_activity_order">OrderActivity</string>
    <string-array name="language">
        <item>中文菜单</item>
        <item>日文菜单</item>
        <item>韩文菜单</item>
        <item>英文菜单</item>
    </string-array>

</resources>
```

3）编写菜单视图布局

编辑 activity_menu.xml，代码如下。该布局为一个空的帧布局（Framelayout），可以在后期装载多个 Fragment，以实现菜单的多语言显示。

```
.\diancai\res\layout\activity_menu.xml
<FrameLayout xmlns:android="http://schemas.android.com/apk/res/android"
    xmlns:tools="http://schemas.android.com/tools"
    android:id="@+id/container"
    android:layout_width="match_parent"
    android:layout_height="match_parent"
    tools:context=".MenuActivity"
    tools:ignore="MergeRootFrame" >
</FrameLayout>
```

新建 fragment_menu.xml，添加一个 ListView 和一个 Button。

```
.\diancai\res\layout\fragment_menu.xml
<LinearLayout xmlns:android="http://schemas.android.com/apk/res/android"
    android:layout_width="fill_parent"
    android:layout_height="fill_parent"
    android:orientation="vertical" >

        <ListView
            android:id="@+id/listView"
            android:layout_width="match_parent"
            android:layout_height="326dp"
            android:layout_weight="1.02" >
        </ListView>

        <Button
            android:id="@+id/ok"
            android:layout_width="match_parent"
            android:layout_height="wrap_content"
             android:background="@drawable/shape"
            android:text="提    交" />
</LinearLayout>
```

新建 menu_list_item.xml，用于设计菜单列表显示的每一项。

```
.\diancai\res\layout\menu_list_item.xml
<?xml version="1.0" encoding="utf-8"?>
<LinearLayout xmlns:android="http://schemas.android.com/apk/res/android"
    android:layout_width="fill_parent"
    android:layout_height="match_parent"
    android:gravity="center"
    android:orientation="horizontal" >

    <ImageView
        android:id="@+id/menu_list_image"
        android:layout_width="80dp"
        android:layout_height="80dp"
        android:src="@drawable/icon" />

    <LinearLayout
```

```
        android:layout_width="186dp"
        android:layout_height="wrap_content"
        android:orientation="vertical" >

        <TextView
            android:id="@+id/menu_list_name"
            android:layout_width="wrap_content"
            android:layout_height="wrap_content"
            android:text="菜名"
            android:textSize="25dp" />

        <LinearLayout
            android:layout_width="155dp"
            android:layout_height="wrap_content" >

            <ImageButton
                android:id="@+id/menu_list_reduce"
                android:layout_width="40dp"
                android:layout_height="40dp"
                android:background="#00000000"
                android:src="@drawable/reduce" />

            <EditText
                android:id="@+id/menu_list_quantity"
                android:layout_width="71dp"
                android:layout_height="wrap_content"
                android:background="@drawable/bg_button"
                android:ems="10"
                android:numeric="integer" >
            </EditText>

            <ImageButton
                android:id="@+id/menu_list_add"
                android:layout_width="40dp"
                android:layout_height="40dp"
                android:background="#00000000"
                android:src="@drawable/add" />
        </LinearLayout>
    </LinearLayout>

    <TextView
        android:id="@+id/menu_list_price"
        android:layout_width="match_parent"
        android:layout_height="wrap_content"
        android:text="价格"
        android:textColor="#FF0000"
        android:gravity="right"
        android:textSize="20dp" />
</LinearLayout>
```

4）编写菜单视图代码

编辑 MenuActivity.java，代码如下。在 ActionBar 上添加下拉菜单，然后实现

ActionBar.OnNavigationListener 接口，即可在单击相应下拉菜单项时显示对应的内容，内容显示在一个 Fragment 中。

.\diancai\src\com.sziit.diancai.activity\MenuActivity.java

```
package com.sziit.diancai.activity;

import android.annotation.TargetApi;
import android.app.ActionBar;
import android.app.ActionBar.OnNavigationListener;
import android.app.Activity;
import android.app.FragmentManager;
import android.app.FragmentTransaction;
import android.content.Context;
import android.os.Build;
import android.os.Bundle;
import android.widget.ArrayAdapter;
import android.widget.SpinnerAdapter;

import com.sziit.diancai.R;

public class MenuActivity extends Activity {
    private Bundle bundle;

    /** 视图创建时调用 */
    @Override
    public void onCreate(Bundle savedInstanceState) {
        super.onCreate(savedInstanceState);
        setContentView(R.layout.activity_menu);

        //生成一个SpinnerAdapter
        SpinnerAdapter adapter = ArrayAdapter.createFromResource(
                getActionBarThemedContextCompat(), R.array.language,
                android.R.layout.simple_spinner_dropdown_item);
        //得到ActionBar
        ActionBar actionBar = getActionBar();
        //不显示标题
        actionBar.setDisplayShowTitleEnabled(false);
        //将ActionBar的操作模型设置为NAVIGATION_MODE_LIST
        actionBar.setNavigationMode(ActionBar.NAVIGATION_MODE_LIST);
        //为ActionBar设置下拉菜单和监听器
        actionBar.setListNavigationCallbacks(adapter, new DropDownListenser());

        bundle = this.getIntent().getExtras();
    }

    @TargetApi(Build.VERSION_CODES.ICE_CREAM_SANDWICH)
    private Context getActionBarThemedContextCompat() {
        if (Build.VERSION.SDK_INT >= Build.VERSION_CODES.ICE_CREAM_SANDWICH) {
            return getActionBar().getThemedContext();
        } else {
            return this;
        }
```

```
    }

    /**
     * 实现 ActionBar.OnNavigationListener接口
     */
    class DropDownListenser implements OnNavigationListener {
        //得到和SpinnerAdapter里一致的字符数组
        String[] listNames = getResources().getStringArray(R.array.language);

        /* 当选择下拉菜单项的时候，将Activity中的内容置换为对应的Fragment */
        @Override
        public boolean onNavigationItemSelected(int itemPosition, long itemId) {
            //生成自定的Fragment
            MenuFragment menuFragment = new MenuFragment();
            FragmentManager manager = getFragmentManager();
            FragmentTransaction transaction = manager.beginTransaction();
            menuFragment.setArguments(bundle);
            //将Activity中的内容替换成对应选择的Fragment
            transaction.replace(R.id.container, menuFragment,
                    listNames[itemPosition]);
            transaction.commit();
            return true;
        }
    }
}
```

5）编写菜单子页面代码

在 com.sziit.diancai.activity 中新建 MenuFragment 类，继承 Fragment，编写代码如下，供菜单主视图调用。

```
.\diancai\src\com.sziit.diancai.activity\MenuFragment.java
```

```
package com.sziit.diancai.activity;

import java.util.ArrayList;
import java.util.HashMap;
import java.util.Map;

import org.json.JSONArray;
import org.json.JSONException;
import org.json.JSONObject;

import com.sziit.diancai.R;
import com.sziit.diancai.adapter.MenuListAdapter;
import com.sziit.diancai.bean.MenuBean;
import com.sziit.diancai.utils.HttpPostUtil;

import android.app.Activity;
import android.app.Fragment;
import android.content.Intent;
import android.os.Bundle;
import android.os.Handler;
```

```
    import android.os.Message;
    import android.view.LayoutInflater;
    import android.view.View;
    import android.view.View.OnClickListener;
    import android.view.ViewGroup;
    import android.widget.Button;
    import android.widget.EditText;
    import android.widget.LinearLayout;
    import android.widget.ListView;
    import android.widget.TextView;

    public class MenuFragment extends Fragment {
        //定义全局变量tag。Fragment对应的标签，当Fragment依附于Activity时得到，用onAttach()
方法可以获得对应标签
        private String tag;
        //4)初始化handler
        private MenuHandler handler = new MenuHandler();
        //1)定义全局变量
        private ListView listview;
        private View rootView;
        //单独获得中文列表名，用于发送所点菜式的中文名
        private ArrayList<HashMap<String, Object>> chineseArrayList;
        @Override
        public void onAttach(Activity activity) {
            super.onAttach(activity);
            tag = getTag();
        }

        @Override
        public View onCreateView(LayoutInflater inflater, ViewGroup container,
                Bundle savedInstanceState) {

            //2)在onCreateView()方法中获取布局，并初始化ListView和Button
            //在onCreateView()方法中添加监听提交按钮。遍历整个列表。如果有点菜数大于1的一项，
将菜名、价格、数量添加到MenuBean。计算总价格，和在登录界面获取的座位号，一起发送到下单界面
            rootView = inflater.inflate(R.layout.fragment_menu, container,false);

            final String num = getArguments().getString("num");

            //初始化部件
            Button ok = (Button) rootView.findViewById(R.id.ok);
            listview = (ListView) rootView.findViewById(R.id.listView);

            //获取网络资源
            GetDateThread getDateThread = new GetDateThread();
            getDateThread.start();


            //监听提交按钮
            ok.setOnClickListener(new OnClickListener() {

                @Override
```

```
            public void onClick(View arg0) {
                //TODO Auto-generated method stub
                MenuBean menuBean = null;
                ArrayList<MenuBean> menuArrayList =  new ArrayList<MenuBean>();
                int sum = 0;

                //获取ListView的所有Item数目
                for(int i = 0; i < listview.getCount(); i++){
                    LinearLayout linearlayout = (LinearLayout)listview.getAdapter().
getView(i, null, null);
                    EditText et = (EditText) linearlayout.findViewById(R.id.menu_list_quantity);
                    int temp = Integer.parseInt(et.getText().toString());
                    //如果数量大于0才发送到下一个Activity
                    if(temp>0){
                        TextView nametv = (TextView) linearlayout.findViewById(R.id.menu_
list_name);
                        TextView pricetv = (TextView) linearlayout.findViewById(R.id.menu_
list_price);
                        menuBean = new MenuBean();
                        menuBean.setName(nametv.getText().toString());
                        menuBean.setPrice(pricetv.getText().toString());
                        menuBean.setQuantity(temp);

                        //设置中文名
                        HashMap<String, Object> map = new HashMap<String, Object>();
                        map = chineseArrayList.get(i);
                        menuBean.setChinaName((String) map.get("name"));

                        menuArrayList.add(menuBean);
                        sum += Integer.parseInt(pricetv.getText().toString())*temp;
                    }
                }

                Intent intent = new Intent();
                intent.setClass(rootView.getContext(), OrderActivity.class);
                intent.putExtra("menuArrayList", menuArrayList);
                intent.putExtra("num", num);
                intent.putExtra("totalprice", sum);
                startActivity(intent);
            }
        });
        return rootView;
    }


    //5)自定义GetDateThread，用于获取菜式线程。将获取到的信息通过handler更新adapter。中
文信息单独发送
    class GetDateThread extends Thread{
        @Override
        public void run() {
            HttpPostUtil httppostutil = new HttpPostUtil();
            Map<String, String> params = new HashMap<String, String>();
```

```
                String result = HttpPostUtil.sendPostMessage(params, "utf-8", HttpPostUtil.
MENU_PATH);
                //加载列表
                ArrayList<HashMap<String, Object>> data = getData(result);
                showDate(data);
            }

            /*
             * 通过handler对象将结果发送给主线程
             */
            private void showDate(ArrayList<HashMap<String, Object>> data) {
                Message msg = Message.obtain(handler,MenuHandler.GET_MENU);
                msg.obj = data;
                msg.sendToTarget();
            }

            private ArrayList<HashMap<String, Object>> getData(String MenuResult) {
                ArrayList<HashMap<String, Object>> arrayList = new ArrayList<HashMap<String,
Object>>();
                //用于保存中文数据
                ArrayList<HashMap<String, Object>> cnarrayList = new ArrayList<HashMap
<String, Object>>();
                try {
                    JSONObject jsonobject = new JSONObject(MenuResult);
                    JSONArray jsonarray = jsonobject.getJSONArray("menulist");
                    //根据需求添加一些数据
                    for(int i=0;i < jsonarray.length();i++){
                        HashMap<String, Object> chinesemap = new HashMap<String, Object>();
                        JSONObject json = (JSONObject) jsonarray.get(i);
                        chinesemap.put("image", json.getString("photo"));
                        chinesemap.put("name", json.getString("name"));
                        chinesemap.put("price", json.getString("price"));
                        cnarrayList.add(chinesemap);
                    }

                    if(tag.equals("中文菜单")){
                         arrayList = cnarrayList;
                    }else if(tag.equals("英文菜单")){
                        for(int i=0;i < jsonarray.length();i++){
                            HashMap<String, Object> englishmap = new HashMap<String, Object>();
                            JSONObject json = (JSONObject) jsonarray.get(i);
                            englishmap.put("image", json.getString("photo"));
                            englishmap.put("name", json.getString("englishname"));
                            englishmap.put("price", json.getString("price"));
                            arrayList.add(englishmap);
                        }
                    }else if(tag.equals("韩文菜单")){
                        for(int i=0;i < jsonarray.length();i++){
                            HashMap<String, Object> koreamap = new HashMap<String, Object>();
                            JSONObject json = (JSONObject) jsonarray.get(i);
                            //koreamap.put("image", R.drawable.icon);
                            koreamap.put("image", json.getString("photo"));
                            koreamap.put("name", json.getString("koreaname"));
```

```
                        koreamap.put("price", json.getString("price"));
                        arrayList.add(koreamap);
                    }
                }else if(tag.equals("日文菜单")){
                    for(int i=0;i < jsonarray.length();i++){
                        HashMap<String, Object> japmap = new HashMap<String, Object>();
                        JSONObject json = (JSONObject) jsonarray.get(i);
                        //japmap.put("image", R.drawable.icon);
                        japmap.put("image", json.getString("photo"));
                        japmap.put("name", json.getString("japname"));
                        japmap.put("price", json.getString("price"));
                        arrayList.add(japmap);
                    }
                }
                Message msg = Message.obtain(handler,MenuHandler.GET_CHINESE_MENU);
                msg.obj = cnarrayList;
                msg.sendToTarget();
            } catch (JSONException e) {
                //TODO Auto-generated catch block
                e.printStackTrace();
            }
            return arrayList;
        }
    }

    //3)自定义内部类MenuHandler继承Handler，用于更新主线程UI和发送中文菜单信息到主线程
    class MenuHandler extends Handler{
        //更新菜单
        public static final int GET_MENU = 0x0001;
        //获取中文菜单
        public static final int GET_CHINESE_MENU = 0x0002;
        @Override
        public void handleMessage(Message msg) {
            if (msg.what == GET_MENU) {
                ArrayList<HashMap<String, Object>> data = (ArrayList<HashMap<String,
Object>>) msg.obj;
                MenuListAdapter menulistadapter = new MenuListAdapter(
                        rootView.getContext(), data);
                listview.setAdapter(menulistadapter);
            }
            if(msg.what == GET_CHINESE_MENU){
                chineseArrayList =(ArrayList<HashMap<String, Object>>) msg.obj;
            }
        }
    }

}
```

6）异步加载菜式图片

在 com.sziit.diancai.utils 中新建 FileCache.java 文件缓存类，用于缓存异步加载的列表图片。

.\diancai\src\com.sziit.diancai.utils\FileCache.java

```
package com.sziit.diancai.utils;

import java.io.File;

import android.content.Context;

public class FileCache {

    private File cacheDir;

    public FileCache(Context context) {
        //如果有SD卡则在SD卡中新建一个DianCai目录存放缓存的图片
        //没有SD卡就放在系统的缓存目录中
        if (android.os.Environment.getExternalStorageState().equals(
                android.os.Environment.MEDIA_MOUNTED))
            cacheDir = new File(
                    android.os.Environment.getExternalStorageDirectory(),
                    "DianCai");
        else
            cacheDir = context.getCacheDir();
        if (!cacheDir.exists())
            cacheDir.mkdirs();
    }

    public File getFile(String url) {
        //将url的hashCode作为缓存的文件名
        String filename = String.valueOf(url.hashCode());
        //Another possible solution
        //String filename = URLEncoder.encode(url);
        File f = new File(cacheDir, filename);
        return f;

    }

    public void clear() {
        File[] files = cacheDir.listFiles();
        if (files == null)
            return;
        for (File f : files)
            f.delete();
    }

}
```

在 com.sziit.diancai.utils 中新建 MemoryCache.java 内存缓存类，用于缓存异步加载的列表图片。

.\diancai\src\com.sziit.diancai.utils\MemoryCache.java

```
package com.sziit.diancai.utils;
```

```
import java.util.Collections;
import java.util.Iterator;
import java.util.LinkedHashMap;
import java.util.Map;
import java.util.Map.Entry;

import android.graphics.Bitmap;
import android.util.Log;

public class MemoryCache {

    private static final String TAG = "MemoryCache";
    //放入缓存时是一个同步操作
    //LinkedHashMap构造方法的最后一个参数true代表这个map里的元素将按照最近使用次数由少
到多排列，即LRU
    //这样做的好处是如果要替换缓存中的元素，则先遍历出最近最少使用的元素来替换以提高效率
    private Map<String, Bitmap> cache = Collections
            .synchronizedMap(new LinkedHashMap<String, Bitmap>(10, 1.5f, true));
    //缓存中图片所占用的字节，初始值为0，将通过此变量严格控制缓存所占用的堆内存
    private long size = 0;          //current allocated size
    //缓存只能占用的最大堆内存
    private long limit = 1000000;    //max memory in bytes

    public MemoryCache() {
        //使用Heap内存空间的25%
        setLimit(Runtime.getRuntime().maxMemory() / 4);
    }

    public void setLimit(long new_limit) {
        limit = new_limit;
        Log.i(TAG, "MemoryCache will use up to " + limit / 1024. / 1024. + "MB");
    }

    public Bitmap get(String id) {
        try {
            if (!cache.containsKey(id))
                return null;
            return cache.get(id);
        } catch (NullPointerException ex) {
            return null;
        }
    }

    public void put(String id, Bitmap bitmap) {
        try {
            if (cache.containsKey(id))
                size -= getSizeInBytes(cache.get(id));
            cache.put(id, bitmap);
            size += getSizeInBytes(bitmap);
            checkSize();
        } catch (Throwable th) {
            th.printStackTrace();
        }
```

```
    }

    /**
     * 严格控制堆内存，如果超过将首先替换最近最少使用的那个图片缓存
     *
     */
    private void checkSize() {
        Log.i(TAG, "cache size=" + size + " length=" + cache.size());
        if (size > limit) {
            //先遍历最近最少使用的元素
            Iterator<Entry<String, Bitmap>> iter = cache.entrySet().iterator();
            while (iter.hasNext()) {
                Entry<String, Bitmap> entry = iter.next();
                size -= getSizeInBytes(entry.getValue());
                iter.remove();
                if (size <= limit)
                    break;
            }
            Log.i(TAG, "Clean cache. New size " + cache.size());
        }
    }

    public void clear() {
        cache.clear();
    }

    /**
     * 图片占用的内存
     *
     * @param bitmap
     * @return
     */
    long getSizeInBytes(Bitmap bitmap) {
        if (bitmap == null)
            return 0;
        return bitmap.getRowBytes() * bitmap.getHeight();
    }
}
```

在 com.sziit.diancai.utils 中新建 ImageLoader.java，封装异步加载图片的方法。

```
.\diancai\src\com.sziit.diancai.utils\ImageLoader.java
package com.sziit.diancai.utils;

import java.io.File;
import java.io.FileInputStream;
import java.io.FileNotFoundException;
import java.io.FileOutputStream;
import java.io.InputStream;
import java.io.OutputStream;
import java.net.HttpURLConnection;
import java.net.URL;
```

```
import java.util.Collections;
import java.util.Map;
import java.util.WeakHashMap;
import java.util.concurrent.ExecutorService;
import java.util.concurrent.Executors;

import com.sziit.diancai.R;

import android.app.Activity;
import android.content.Context;
import android.graphics.Bitmap;
import android.graphics.BitmapFactory;
import android.widget.ImageView;

public class ImageLoader {

    MemoryCache memoryCache = new MemoryCache();
    FileCache fileCache;
    private Map<ImageView, String> imageViews = Collections
            .synchronizedMap(new WeakHashMap<ImageView, String>());
    //线程池
    ExecutorService executorService;

    public ImageLoader(Context context) {
        fileCache = new FileCache(context);
        executorService = Executors.newFixedThreadPool(5);
    }

    //当进入ListView时默认的图片，可换成用户自己的默认图片
    final int stub_id = R.drawable.icon;

    //最主要的方法
    public void DisplayImage(String url, ImageView imageView) {
        imageViews.put(imageView, url);

        //先从内存缓存中查找
        Bitmap bitmap = memoryCache.get(url);
        if (bitmap != null)
            imageView.setImageBitmap(bitmap);
        else {
            //若没有的话则开启新线程加载图片
            queuePhoto(url, imageView);
            imageView.setImageResource(stub_id);
        }
    }

    private void queuePhoto(String url, ImageView imageView) {
        PhotoToLoad p = new PhotoToLoad(url, imageView);
        executorService.submit(new PhotosLoader(p));
    }

    private Bitmap getBitmap(String url) {
        File f = fileCache.getFile(url);
```

```
        //先从文件缓存中查找是否有
        Bitmap b = decodeFile(f);
        if (b != null)
            return b;

        //最后从指定的URL中下载图片
        try {
            Bitmap bitmap = null;
            URL imageUrl = new URL(url);
            HttpURLConnection conn = (HttpURLConnection) imageUrl
                    .openConnection();
            conn.setConnectTimeout(30000);
            conn.setReadTimeout(30000);
            conn.setInstanceFollowRedirects(true);
            InputStream is = conn.getInputStream();
            OutputStream os = new FileOutputStream(f);
            CopyStream(is, os);
            os.close();
            bitmap = decodeFile(f);
            return bitmap;
        } catch (Exception ex) {
            ex.printStackTrace();
            return null;
        }
    }

    //解码这个图片并且按比例缩放以减少内存消耗，虚拟机对每张图片的缓存大小也是有限制的
    private Bitmap decodeFile(File f) {
        try {
            //解码图片并获取图像大小
            BitmapFactory.Options o = new BitmapFactory.Options();
            o.inJustDecodeBounds = true;
            BitmapFactory.decodeStream(new FileInputStream(f), null, o);

            //获取准确的尺寸值，该值应为2的幂
            final int REQUIRED_SIZE = 70;
            int width_tmp = o.outWidth, height_tmp = o.outHeight;
            int scale = 1;
            while (true) {
                if (width_tmp / 2 < REQUIRED_SIZE
                        || height_tmp / 2 < REQUIRED_SIZE)
                    break;
                width_tmp /= 2;
                height_tmp /= 2;
                scale *= 2;
            }

            //使用缩放后的尺寸inSampleSize解码图片
            BitmapFactory.Options o2 = new BitmapFactory.Options();
            o2.inSampleSize = scale;
            return BitmapFactory.decodeStream(new FileInputStream(f), null, o2);
        } catch (FileNotFoundException e) {
```

```
        }
        return null;
    }

    //工作队列
    private class PhotoToLoad {
        public String url;
        public ImageView imageView;

        public PhotoToLoad(String u, ImageView i) {
            url = u;
            imageView = i;
        }
    }

    class PhotosLoader implements Runnable {
        PhotoToLoad photoToLoad;

        PhotosLoader(PhotoToLoad photoToLoad) {
            this.photoToLoad = photoToLoad;
        }

        @Override
        public void run() {
            if (imageViewReused(photoToLoad))
                return;
            Bitmap bmp = getBitmap(photoToLoad.url);
            memoryCache.put(photoToLoad.url, bmp);
            if (imageViewReused(photoToLoad))
                return;
            BitmapDisplayer bd = new BitmapDisplayer(bmp, photoToLoad);
            //更新的操作放在UI线程中
            Activity a = (Activity) photoToLoad.imageView.getContext();
            a.runOnUiThread(bd);
        }
    }

    /**
     * 防止图片错位
     *
     * @param photoToLoad
     * @return
     */
    boolean imageViewReused(PhotoToLoad photoToLoad) {
        String tag = imageViews.get(photoToLoad.imageView);
        if (tag == null || !tag.equals(photoToLoad.url))
            return true;
        return false;
    }

    //用于在UI线程中更新界面
    class BitmapDisplayer implements Runnable {
        Bitmap bitmap;
```

```
        PhotoToLoad photoToLoad;

        public BitmapDisplayer(Bitmap b, PhotoToLoad p) {
            bitmap = b;
            photoToLoad = p;
        }

        public void run() {
            if (imageViewReused(photoToLoad))
                return;
            if (bitmap != null)
                photoToLoad.imageView.setImageBitmap(bitmap);
            else
                photoToLoad.imageView.setImageResource(stub_id);
        }
    }

    public void clearCache() {
        memoryCache.clear();
        fileCache.clear();
    }

    public static void CopyStream(InputStream is, OutputStream os) {
        final int buffer_size = 1024;
        try {
            byte[] bytes = new byte[buffer_size];
            for (;;) {
                int count = is.read(bytes, 0, buffer_size);
                if (count == -1)
                    break;
                os.write(bytes, 0, count);
            }
        } catch (Exception ex) {
        }
    }
}
```

7）创建菜单信息接口

在 com.sziit.diancai.bean 中新建 MenuBean，调用 Serializable 接口，实现菜单信息封装，代码如下。

.\diancai\src\com.sziit.diancai.bean\MenuBean.java

```
package com.sziit.diancai.bean;

import java.io.Serializable;

public class MenuBean implements Serializable {
    //菜名
    String name;
    //价格
    String price;
```

```
    //数量
    int quantity;
    //中文菜名
    String chinaName;

    public String getChinaName() {
        return chinaName;
    }
    public void setChinaName(String chinaName) {
        this.chinaName = chinaName;
    }
    public String getName() {
        return name;
    }
    public void setName(String name) {
        this.name = name;
    }
    public String getPrice() {
        return price;
    }
    public void setPrice(String price) {
        this.price = price;
    }
    public int getQuantity() {
        return quantity;
    }
    public void setQuantity(int quantity) {
        this.quantity = quantity;
    }

}
```

8）显示菜单

在 com.sziit.diancai.adapter 中新建 MenuListAdapter 类继承 BaseAdapter，用于显示菜单列表项，获取对应控件，显示相应数据，监听加减按钮，用数组记录点菜数量。

.\diancai\src\com.sziit.diancai.adapter\MenuListAdapter.java

```
package com.sziit.diancai.adapter;

import java.util.ArrayList;
import java.util.HashMap;
import java.util.Map;

import com.sziit.diancai.R;
import com.sziit.diancai.utils.ImageLoader;

import android.content.Context;
import android.graphics.Bitmap;
import android.view.LayoutInflater;
import android.view.View;
import android.view.View.OnClickListener;
```

```
import android.view.ViewGroup;
import android.widget.BaseAdapter;
import android.widget.EditText;
import android.widget.ImageButton;
import android.widget.ImageView;
import android.widget.TextView;

public class MenuListAdapter extends BaseAdapter {
    private ArrayList<HashMap<String, Object>> data;
    private LayoutInflater layoutInflater;
    private Context context;
    //用map记录点菜数量
    Map<Integer, Integer> quantitymap;
    //异步加载图片类
    private ImageLoader imageLoader;


    public MenuListAdapter(Context context,
            ArrayList<HashMap<String, Object>> data) {
        this.context = context;
        this.data = data;
        this.layoutInflater = LayoutInflater.from(context);

        quantitymap = new HashMap<Integer, Integer>();
        for (int i = 0; i < data.size(); i++) {
            quantitymap.put(i, 0);
        }

        imageLoader = new ImageLoader(context);

    }

    @Override
    public int getCount() {
        //TODO Auto-generated method stub
        return data.size();
    }

    @Override
    public Object getItem(int position) {
        //TODO Auto-generated method stub
        return data.get(position);
    }

    @Override
    public long getItemId(int position) {
        //TODO Auto-generated method stub
        return position;
    }

    @Override
    public View getView(final int position, View convertView, ViewGroup parent) {
        //TODO Auto-generated method stub
```

```
Holder holder;
final int q = quantitymap.get(position);
String sq = String.valueOf(q);
if (convertView == null) {
    //将布局视图封装到对象中，方便存储
    holder = new Holder();
    //获取组件布局
    convertView = layoutInflater.inflate(R.layout.menu_list_item, null);
    holder.imageview = (ImageView) convertView.findViewById(R.id.menu_list_image);
    holder.name = (TextView) convertView.findViewById(R.id.menu_list_name);
    holder.price = (TextView) convertView.findViewById(R.id.menu_list_price);
    holder.reduce = (ImageButton) convertView.findViewById(R.id.menu_list_reduce);
    holder.add = (ImageButton) convertView.findViewById(R.id.menu_list_add);
    holder.quantity = (EditText) convertView.findViewById(R.id.menu_list_quantity);

    //将视图存储起来，用于重复使用
    convertView.setTag(holder);
}else{
    //从第二次调用getView开始，coverView不再为空，且其Tag值还附带了一个视图模板
    holder = (Holder) convertView.getTag();
}
 //绑定数据及事件触发
 //holder.imageview.setImageResource((Integer) data.get(position).get("image"));

//加载食物图片
imageLoader.DisplayImage((String) data.get(position).get("image"), holder.imageview);
holder.name.setText((String) data.get(position).get("name"));
holder.price.setText((String) data.get(position).get("price"));
holder.quantity.setText(sq);

holder.add.setOnClickListener(new OnClickListener() {
    @Override
    public void onClick(View arg0) {
        //TODO Auto-generated method stub
        quantitymap.put(position, q+1);
        notifyDataSetChanged();
    }
});

holder.reduce.setOnClickListener(new OnClickListener() {
    @Override
    public void onClick(View arg0) {
        //TODO Auto-generated method stub
        //判断减少到0就不再减
        int temp = q-1;
        if(temp>0){
            quantitymap.put(position,temp );
        }else{
            quantitymap.put(position, 0 );
        }
        notifyDataSetChanged();
    }
});
```

```
        return convertView;
    }

    class Holder {
        ImageView imageview;
        TextView name, price;
        ImageButton add, reduce;
        EditText quantity;
    }

}
```

菜单显示效果如图 3-31 所示。

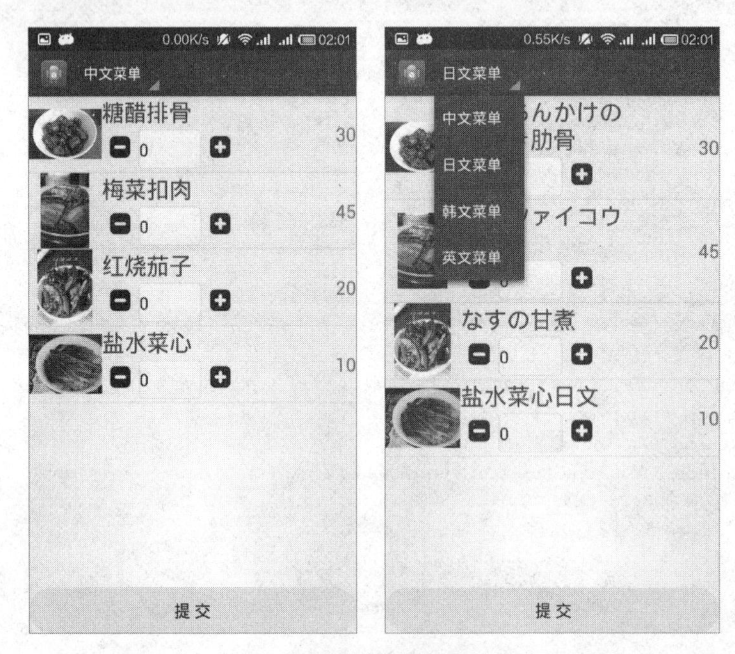

图3-31　菜单界面

9）添加 SD 卡读取权限

在 AndroidManifest.xml 中添加读取 SD 卡的权限。

```
.\diancai\AndroidManifest.xml
<uses-permission android:name="android.permission.WRITE_EXTERNAL_STORAGE"/>
<uses-permission android:name="android.permission.MOUNT_UNMOUNT_FILESYSTEMS"/>
```

5. 订单模块

1）创建订单视图

按上面的方法新建订单视图 OrderActivity，对应的类文件与布局文件分别为 OrderActivity.java 和 activity_order.xml。

2）编写订单视图布局

编辑 activity_order.xml，代码如下。

.\diancai\res\layout\activity_order.xml

```
<?xml version="1.0" encoding="utf-8"?>
<LinearLayout xmlns:android="http://schemas.android.com/apk/res/android"
    android:layout_width="fill_parent"
    android:layout_height="fill_parent"
    android:orientation="vertical" >

        <TextView
            android:id="@+id/order_num"
            android:layout_width="wrap_content"
            android:layout_height="wrap_content"
            android:text="座位号："
            android:textSize="20dp" />

        <TextView
            android:id="@+id/order_date"
            android:layout_width="wrap_content"
            android:layout_height="wrap_content"
            android:text="日期:"
            android:textSize="20dp" />

        <TextView
            android:id="@+id/order_time"
            android:layout_width="wrap_content"
            android:layout_height="wrap_content"
            android:text="时间:"
            android:textSize="20dp" />

    <ListView
        android:id="@+id/order_listView"
        android:layout_width="match_parent"
        android:layout_height="302dp"
        android:layout_weight="0.05" >

    </ListView>

    <TextView
        android:id="@+id/order_sum"
        android:layout_width="wrap_content"
        android:layout_height="wrap_content"
        android:layout_gravity="right"
        android:textSize="20dp"
        android:text="合计：" />

    <Button
        android:id="@+id/order_orderbtn"
        android:layout_width="match_parent"
        android:layout_height="wrap_content"
        android:background="@drawable/button_selector"
```

```
        android:text="下单" />

</LinearLayout>
```

在 res\layout 下新建 order_list_item.xml，设计下单界面列表的每一项。

```
.\diancai\res\layout\order_list_item.xml
<?xml version="1.0" encoding="utf-8"?>
<TableLayout xmlns:android="http://schemas.android.com/apk/res/android"
    android:layout_width="fill_parent"
    android:layout_height="fill_parent"
    android:stretchColumns="0,1,2">

    <TableRow
        android:id="@+id/tableRow1"
        android:layout_width="wrap_content"
        android:layout_height="wrap_content" >

        <TextView
            android:id="@+id/order_item_name"
            android:layout_width="wrap_content"
            android:layout_height="wrap_content"
            android:textSize="20dp"
            android:text="菜名" />

        <TextView
            android:id="@+id/order_item_quantity"
            android:layout_width="wrap_content"
            android:layout_height="wrap_content"
            android:layout_gravity="center"
            android:textSize="20dp"
            android:text="数量" />

        <TextView
            android:id="@+id/order_item_price"
            android:layout_width="wrap_content"
            android:layout_height="wrap_content"
            android:layout_gravity="right"
            android:textSize="20dp"
            android:text="价格" />

    </TableRow>

</TableLayout>
```

3）编写订单视图代码

编辑 OrderActivity.java，代码如下。

```
.\diancai\src\com.sziit.diancai.activity\OrderActivity.java
package com.sziit.diancai.activity;
```

```
import java.text.SimpleDateFormat;
import java.util.ArrayList;
import java.util.HashMap;
import java.util.Map;

import org.json.JSONException;
import org.json.JSONObject;

import android.app.Activity;
import android.app.AlertDialog;
import android.content.DialogInterface;
import android.os.Bundle;
import android.os.Handler;
import android.os.Message;
import android.view.Menu;
import android.view.View;
import android.view.View.OnClickListener;
import android.widget.Button;
import android.widget.ListView;
import android.widget.TextView;
import android.widget.Toast;

import com.sziit.diancai.R;
import com.sziit.diancai.adapter.OrderListAdapter;
import com.sziit.diancai.bean.MenuBean;
import com.sziit.diancai.utils.HttpPostUtil;


public class OrderActivity extends Activity {
    //1)添加要用到的全局变量
    private ListView orderlistview;
    //菜单信息
    ArrayList<MenuBean> orderarrayList;
    private OrderHandler handler = new OrderHandler();
    //座位号
    String num;
    //日期，时间
    String datestr, timestr;
    //总价格
    int totalprice;

    @SuppressWarnings("unchecked")
    @Override
    protected void onCreate(Bundle savedInstanceState) {
        super.onCreate(savedInstanceState);
        setContentView(R.layout.activity_order);
        //2)在onCreate()方法中获取系统时间日期，以及菜单界面传来的座位号、总价格和所得菜式
        //获取由MenuActivity传过来的订单
        orderarrayList = ((ArrayList<MenuBean>) getIntent()
                .getSerializableExtra("menuArrayList"));
        //订单列表
        orderlistview = (ListView) findViewById(R.id.order_listView);
```

```
        OrderListAdapter orderListAdapter = new OrderListAdapter(this,
                getData());
        orderlistview.setAdapter(orderListAdapter);

        //获取系统时间日期
        SimpleDateFormat sDateFormat = new SimpleDateFormat("yyyy-MM-dd");
        SimpleDateFormat sTimeFormat = new SimpleDateFormat("HH:mm:ss");
        datestr = sDateFormat.format(new java.util.Date());
        timestr = sTimeFormat.format(new java.util.Date());

        //日期
        TextView date = (TextView) findViewById(R.id.order_date);
        date.setText("日期:" + datestr);
        //时间
        TextView time = (TextView) findViewById(R.id.order_time);
        time.setText("时间:" + timestr);

        //座位号
        num = getIntent().getExtras().getString("num");
        TextView numTV = (TextView) findViewById(R.id.order_num);
        numTV.setText("座位号:" + num);

        //合计
        totalprice = getIntent().getExtras().getInt("totalprice");
        TextView totalpriceTV = (TextView) findViewById(R.id.order_sum);
        totalpriceTV.setText("合计:" + totalprice);

        //7)在onCreate()方法中监听下单按钮，按下后弹出提醒框
        Button orderbtn = (Button) findViewById(R.id.order_orderbtn);
        orderbtn.setOnClickListener(new OnClickListener() {

            @Override
            public void onClick(View arg0) {
                //TODO Auto-generated method stub
                crateAlertDialog().show();
            }
        });
    }

    //6)创建AlertDialog提醒用户确认信息，如果确定就发送
    private AlertDialog crateAlertDialog() {
        //创建builder
        AlertDialog.Builder builder = new AlertDialog.Builder(
                OrderActivity.this);
        builder.setTitle("确认订单")
                //标题
                .setCancelable(false)
                //不响应back按钮
                .setMessage("是否确定下单")
                //对话框显示内容
                //设置按钮
                .setPositiveButton("确定", new DialogInterface.OnClickListener() {
                    @Override
```

```
                public void onClick(DialogInterface dialog, int which) {
                    OrderThread thread = new OrderThread();
                    thread.start();
                }
            })
            .setNegativeButton("取消", new DialogInterface.OnClickListener() {
                @Override
                public void onClick(DialogInterface dialog, int which) {
                    Toast.makeText(OrderActivity.this, "取消",
                            Toast.LENGTH_SHORT).show();
                }
            });
        //创建Dialog对象
        AlertDialog dlg = builder.create();
        return dlg;
    }

    @Override
    public boolean onCreateOptionsMenu(Menu menu) {
        //加载程序菜单项
        getMenuInflater().inflate(R.menu.main, menu);
        return true;
    }

    //3)自定义方法解析由MenuActivity传过来的订单
    private ArrayList<HashMap<String, Object>> getData() {
        ArrayList<HashMap<String, Object>> arrayList = new ArrayList<HashMap<String,
Object>>();
        HashMap<String, Object> headmap = new HashMap<String, Object>();
        headmap.put("name", "菜名");
        headmap.put("price", "价格");
        headmap.put("quantity", "数量");
        arrayList.add(headmap);
        int i = 0;
        for (MenuBean menubean : orderarrayList) {
            HashMap<String, Object> map = new HashMap<String, Object>();
            map.put("name", orderarrayList.get(i).getName());
            map.put("price", orderarrayList.get(i).getPrice());
            map.put("quantity", orderarrayList.get(i).getQuantity());
            i++;
            arrayList.add(map);
        }
        return arrayList;
    }

    //5)新建下单线程OrderThread发送订单信息到服务器
    class OrderThread extends Thread {
        @Override
        public void run() {
            HttpPostUtil httppostutil = new HttpPostUtil();
            //传入HTTP请求参数
            Map<String, String> params = new HashMap<String, String>();
            params.put("num", num);
```

```
            params.put("date", datestr);
            params.put("time", timestr);
            params.put("totalprice", String.valueOf(totalprice));
            params.put("foodquantity", String.valueOf(orderarrayList.size()));
            for (int i = 0; i < orderarrayList.size(); i++) {
                params.put("food" + (i + 1), orderarrayList.get(i).getChinaName());
                params.put("quantity" + (i + 1),  String.valueOf(orderarrayList.get(i).
getQuantity()));
            }
            String result = HttpPostUtil.sendPostMessage(params, "utf-8",
                    HttpPostUtil.ORDER_PATH);
            try {
                JSONObject jsonObject = new JSONObject(result);
                if (jsonObject.getString("status").equals("0")) {
                    showMessage(jsonObject.getString("mes"));
                    finish();
                } else {
                    showMessage(jsonObject.getString("mes"));
                }
            } catch (JSONException e) {
                //TODO Auto-generated catch block
                e.printStackTrace();
            }
        }

        /*
         * 如果错误，则调用本方法，通过handler对象将信息发送到主线程
         */
        private void showMessage(String message) {
            Message msg = Message.obtain(handler, OrderHandler.MESSAGE);
            msg.obj = message;
            msg.sendToTarget();
            msg.setTarget(handler);
        }
    }

    //4)新建内部类OrderHandler，用于发送信息
    class OrderHandler extends Handler {
        //发送信息
        public static final int MESSAGE = 0x0001;

        @Override
        public void handleMessage(Message msg) {
            if (msg.what == MESSAGE) {
                Toast.makeText(OrderActivity.this, msg.obj.toString(),
                        Toast.LENGTH_SHORT).show();
            }
        }
    }
}
```

4）显示订单

在 com.sziit.diancai.adapter 中新建 OrderListAdapter 类继承 BaseAdapter，用于显示订单，代码如下。

.\diancai\src\com.sziit.diancai.adapter\OrderListAdapter.java

```
package com.sziit.diancai.adapter;

import java.util.ArrayList;
import java.util.HashMap;

import com.sziit.diancai.R;
import android.content.Context;
import android.view.LayoutInflater;
import android.view.View;
import android.view.ViewGroup;
import android.widget.BaseAdapter;
import android.widget.TextView;

public class OrderListAdapter extends BaseAdapter {
    private ArrayList<HashMap<String, Object>> data;
    private LayoutInflater layoutInflater;
    private Context context;

    public OrderListAdapter(Context context,
            ArrayList<HashMap<String, Object>> data) {
        this.context = context;
        this.data = data;
        this.layoutInflater = LayoutInflater.from(context);

    }

    @Override
    public int getCount() {
        //TODO Auto-generated method stub
        return data.size();
    }

    @Override
    public Object getItem(int position) {
        //TODO Auto-generated method stub
        return data.get(position);
    }

    @Override
    public long getItemId(int position) {
        //TODO Auto-generated method stub
        return position;
    }

    @Override
    public View getView(final int position, View convertView, ViewGroup parent) {
```

```
        //TODO Auto-generated method stub
        Holder holder;
        if (convertView == null) {
            //将布局视图封装到对象中，方便存储
            holder = new Holder();
            //获取组件布局
            convertView = layoutInflater.inflate(R.layout.order_list_item, null);
            holder.name = (TextView) convertView.findViewById(R.id.order_item_name);
            holder.price = (TextView) convertView.findViewById(R.id.order_item_price);
            holder.quantity = (TextView) convertView.findViewById(R.id.order_item_quantity);
          //将视图存储起来，用于重复使用
            convertView.setTag(holder);
        }else{
            //从第二次调用getView开始，coverView不再为空，且其Tag值还附带了一个视图模板
            holder = (Holder) convertView.getTag();
        }
        holder.name.setText((String)data.get(position).get("name"));
        holder.price.setText((String)data.get(position).get("price"));

        holder.quantity.setText(String.valueOf(data.get(position).get("quantity")));

        return convertView;
    }

    class Holder {
        TextView name,price,quantity;
    }

}
```

订单界面效果如图 3-32 所示。

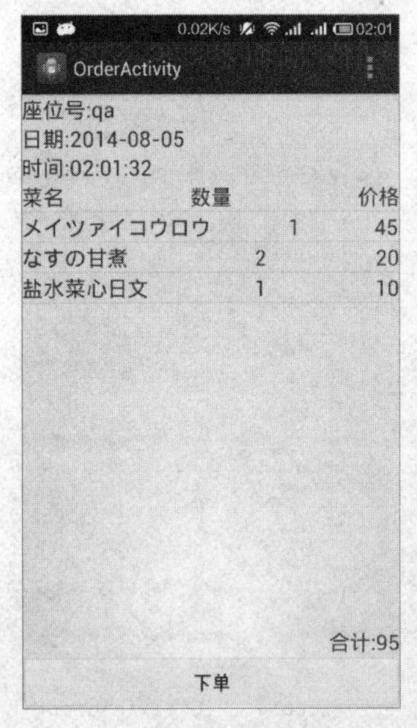

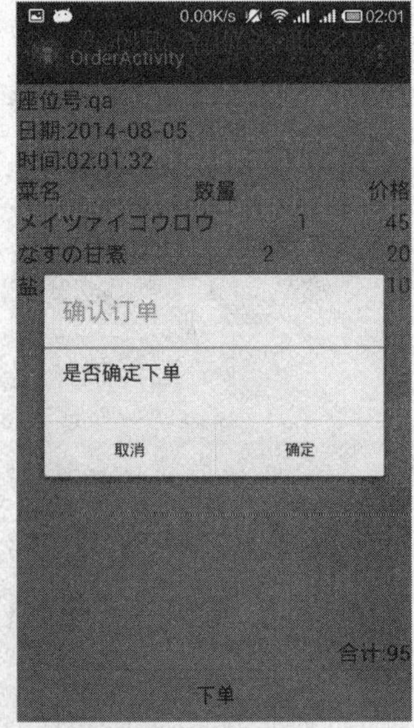

图3-32 订单界面

相关知识点与课后题

1. 知识点

1）PHP 数据

① PHP 数据操作

与传统的高级语言一样：

- PHP 使用变量或常量实现数据在内存中的存储，并使用变量名或常量名实现内存数据的按名存取。
- PHP 使用等于号“=”（赋值运算符）给变量赋值。
- PHP 不允许直接访问一个未经初始化的变量，否则 PHP 预处理器会提示 Notice 信息。
- PHP 提供变量作用域的概念实现内存数据的安全访问控制。
- PHP 引入了数据类型的概念修饰和管理数据。

与传统的高级语言不一样：

- PHP 变量名之前要加美元符号“$”标识，例如 $name 变量。
- PHP 是一种“弱类型的语言”，声明变量或常量时，不需要事先声明变量或常量的数据类型，PHP 会自动由 PHP 预处理器根据变量的值将变量转换成适当的数据类型。

② PHP 数据类型

PHP 数据类型分为 4 种：标量数据类型、复合数据类型、特殊数据类型和伪类型。

- 标量数据类型共有 4 种：布尔型、整型、浮点型和字符串型。
- 复合数据类型共有两种：数组和对象。
- 特殊数据类型有资源数据类型和空数据类型。
- 伪类型通常在函数的定义中使用。

③ 浏览器端的数据采集

浏览器端数据的采集主要依靠 HTML 提供的 FORM 表单实现。FORM 表单是包含一系列表单元素的区域，表单元素是允许用户在表单中输入信息的元素。常见的表单元素有文本域、下拉列表、单选框、复选框等，如本例中菜单管理页面中菜单信息的采集。

D:\xampp\htdocs\Order\ShowMenu.php

```
<!DOCTYPE>
<html>
......................................................................
<body>
        <div id="head">
        <h1>点餐系统管理</h1>
    </div>
    <div id="main">
        <!--
```

```
实现菜单显示的表单，并跳转到DelMenuStatus.php实现菜式删除功能
-->
    <form action="DelMenuStatus.php" method="post">
        <table>
            <tr>
                <th>    </th>
                <th>中文名</th>
                <th>日文名</th>
                <th>韩文名</th>
                <th>英文名</th>
                <th>价格</th>
                <th>图片</th>
            </tr>
            <?php
while ($row = mysql_fetch_row($result)) {
    ?>
            <tr>
                <td><input type="radio" " name="id" value="<?php echo $row[0];?>" /></td>
                <td><?php echo $row[1];?></td>
                <td><?php echo $row[2];?></td>
                <td><?php echo $row[3];?></td>
                <td><?php echo $row[4];?></td>
                <td><?php echo $row[5];?></td>
                <td><img src="<?php echo $row[6];?>" width="50" height="50" /></td>
            </tr>
            <?php
}
closeConnection();
?>
        </table>
        <div class="submit">
            <input type="submit" value="删除" />
        </div>
        <div class="submit">
            <!--
跳转至菜式添加页面
-->
            <input type="button" value="添加菜式"
                onclick="window.location='AddMenu.php'" />
        </div>
    </form>
    </div>
</body>
</html>
```

④ PHP 数据的输出

PHP 经常使用 echo 语句向浏览器输出字符串数据。除了 echo 语句外，还可以使用 print 语句或 printf() 函数向浏览器输出字符串数据。

Echo 和 print 输出的是没有经过格式化的字符串，而 printf() 函数输出的则是经过

格式化的字符串。

对于复合数据类型的数据（如数组或对象），可选用 print_r() 函数输出。

如果 HTML 代码块中只嵌入一条 PHP 语句，且该 PHP 语句是一条输出语句，此时可以使用输出运算符 <?= ?> 输出字符串数据。

⑤ PHP 数据类型转换

- 类型自动转换：是指在定义变量或常量时，不需要指定变量或常量的数据类型，由 PHP 预处理器根据具体应用环境，将变量或常量转换为合适的数据类型。

类型自动转换的基本规则如下：

  - ◆ 布尔型数据参与算术运算时，TRUE 被转换为整数 1，FALSE 被转换为整数 0；NULL 参与算术运算时，被转换为整数 0。
  - ◆ 浮点数与整数进行算术运算时，将整数转换为浮点数后，再进行算术运算。
  - ◆ 在进行字符串连接运算时，整数、浮点数将被转换为字符串类型数据。例如 12、12.3 转换为字符串后为 "12"、"12.3"。布尔型 TRUE 将被转换成字符串 "1"，布尔型 FALSE 和 NULL 将被转换成空字符串”。这就解释了为何语句“echo TRUE;”打印到页面上为 1，而语句“echo FALSE;”打印到页面上为空字符串。
  - ◆ 在进行逻辑运算时，空字符串 ""、字符串 "0"、整数 0、浮点数 0.0、NULL 及空数组将被转换为布尔型 FALSE；其他数据将被转换为布尔型 TRUE（注意字符串 "0.0" 将被转换为布尔型 TRUE）。

- 强制类型转换：允许程序员手动将变量的数据类型转换为指定的数据类型。PHP 提供了以下强制类型转换方法：
  - ◆ 在要进行类型转换的变量或常量之前加上用括号括起来的目标数据类型。
  - ◆ 使用类型转换函数 intval()、floatval()、strval()。注意，使用强制类型转换将浮点数转换为整数时，将自动舍弃小数部分，只保留整数部分。
  - ◆ 使用通用类型转换函数 settype()。

2）PHP 的 Cookie 会话技术

①会话控制基本概念

HTTP 协议是无状态的协议，该协议没有一个内建机制来维护两个请求之间的状态。例如用户登录一个网站后，再去请求该网站的其他页面时，HTTP 无法识别该用户已登录。会话控制的思想是能够在同一个网站内跟踪某个用户，实现记录用户行为的目的。简单地说，会话控制允许 Web 服务器跟踪同一个浏览器用户的连续请求，实现同一个网站多个动态页面之间的参数传递。

会话通常通过 Cookie 与 Session 实现。注意，要使用 Cookie 技术，要求用户在浏览器中打开 Cookie。

② PHP 使用 Cookie 的步骤

PHP 使用 Cookie 的步骤如图 3-33 所示。

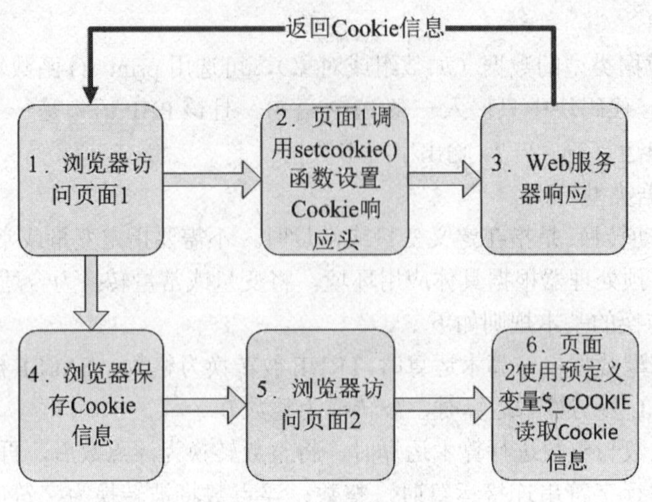

图3-33 PHP使用Cookie

下面对几个核心步骤进行解释。

（1）使用 setcookie() 函数创建 Cookie 响应头信息。setcookie() 函数的语法格式为：

```
    bool setcookie(string name[[[[, string value], int expire], string path],string domain],
int secure])
```

setcookie() 函数中除了 name 参数外，其他参数都是可选的。setcookie() 函数成功创建 Cookie 则返回 TRUE，否则返回 FALSE。Cookie 响应头信息中的 Set-Cookie 关键字定义了该响应中包含了 Cookie 信息。下面是几个关键字的意义。

- name：指定 Cookie 的标记名称（对应浏览器端“键值对”信息中的“键”）。
- value：指定 Cookie 的值（对应浏览器端“键值对”信息中的“值”）。
- expire：指定 Cookie 的过期时间（UNIX 时间戳，即从 UNIX 纪元开始的秒数），单位为秒。

（2）使用预定义变量 $_COOKIE 读取 Cookie 响应头信息。$_COOKIE 是一个全局数组，通过 $_COOKIE 可以读取所有通过 HTTP 请求传递的 Cookie 信息，该数组中每个元素的“键”为 Cookie 的标记名称，数组中每个元素的“值”为 Cookie 的值。

3）Session 会话技术

① PHP 使用 Session 的步骤

PHP 使用 Session 的步骤如图 3-34 所示。我们发现，若浏览器关闭了 Cookie，则无法使用 Session。解决方法是将 Session name 与 Session ID 附在 URL 后作为查询字符串发送给 Web 服务器。

② Session 在 php.ini 文件中的配置

如图 3-35 所示，在 XAMPP 控制面板的 Apache 模块中单击 Config 下的 PHP（php.ini），可以打开配置文件 php.ini，对服务器 Session 进行配置。

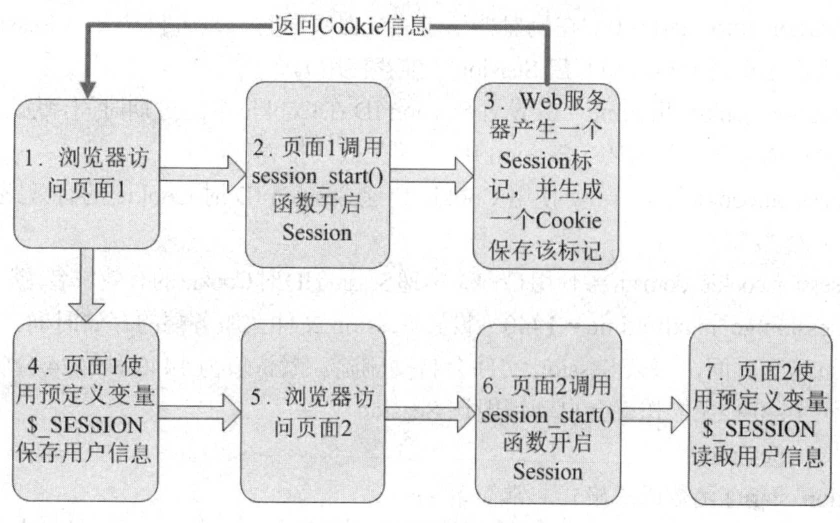

图3-34　PHP使用Session

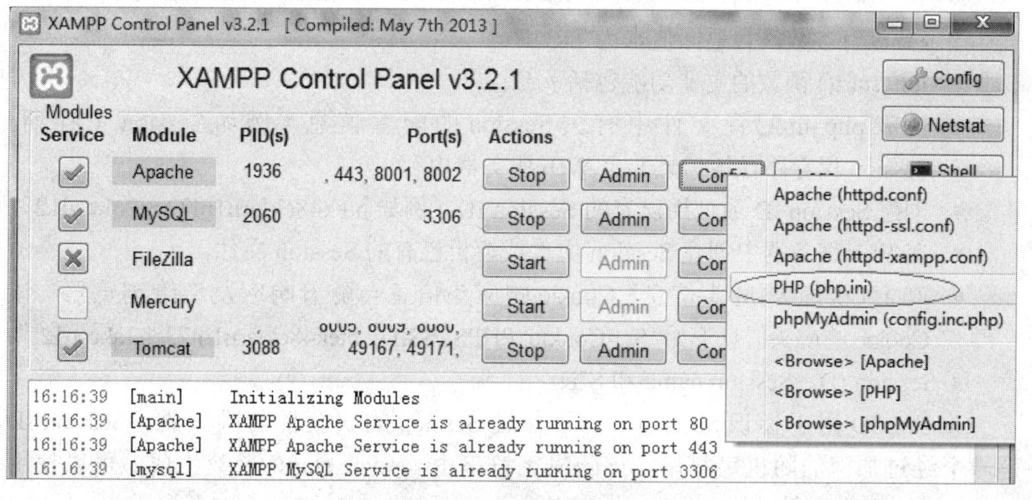

图3-35　Session配置

- session.save_handler = files：设置服务器保存用户个人信息时的保存方式，默认值为 files，表示用文件存储 Session 信息。如果想要使用数据库存储 Session 信息，可将 session.save_handler 选项设为 user。
- session.save_path = "D:\xampp\tmp"：在 save_handler 设为 files 时，用于设置 Session 文件的保存路径。
- session.use_cookies = 1：默认值是 1，代表 Session ID 使用 Cookie 传递（推荐使用）；为 0 时使用查询字符串传递。
- session.name = PHPSESSID：Session ID 的名称，默认值为“PHPSESSID”。不管使用 Cookie 传递 Session ID 还是使用查询字符串传递 Session ID，都需要指定 Session ID 的名称。

- session.auto_start = 0：在浏览器请求服务器页面时，是否自动开启 Session，默认值为 0 表示不自动开启 Session（推荐使用）。
- session.cookie_lifetime = 0：设置 Session ID 在 Cookie 中的过期时间，默认值为 0，表示浏览器一旦关闭，Session ID 立即失效（推荐使用）。
- session.cookie_path = /：使用 Cookie 传递 Session ID 时 Cookie 的有效路径，默认为"/"。
- session.cookie_domain =：使用 Cookie 传递 Session ID 时 Cookie 的有效域名，默认为空。
- session.gc_maxlifetime = 1440：设置 Session 文件在服务端的存储时间，如果超过这个时间，那么 Session 文件会自动删除。默认值为 1440 秒（24 分钟），表示 1440 秒无操作就会自动销毁该 Session 文件。

③ 开启 Session

session_start() 函数语法格式非常简单：

```
bool session_start (void)
```

该函数没有参数，且返回值永为 TRUE。

session_start() 函数的主要功能包括：

- 加载 php.ini 配置文件中有关 Session 的配置信息（例如 Session 生存期、Session 保存路径等信息）至 Web 服务器内存。
- 创建 Session ID 或使用已有的 Session ID（例如 btek48cklarn1m73eg2qkcsu12）。
- 在 Web 服务器中创建 Session 文件或解析已有的 Session 文件。
- 产生 Cookie 响应头信息，Cookie 响应头信息会随着响应发送给浏览器，该 Cookie 响应头信息形如"Set-Cookie: PHPSESSID= btek48cklarn1m73eg2qkcsu12;"。

④ Session ID、Session name 和 SID

Session ID 用于标识 Session。为了保证 Session 的安全性与唯一性，Session ID 是一个经过加密的随机字符串。该随机字符串由 session_start() 函数生成，可以使用 session_id() 函数取得当前 Session ID 的值。

session_id() 函数的语法格式如下：

```
string session_id ( [string id] )
```

session_id() 函数功能：该函数既可以设置当前 Session ID 的值（此时必须在 session_start() 函数调用前使用），又可以取得当前 Session ID 的值（此时必须在 session_start() 函数调用后使用）。该函数返回一个 Session ID 标记。

PHP 为每个 Session 提供一个 Session 名，可以使用 session_name() 函数取得当前 Session 的 name 值。

session_name() 函数的语法格式如下：

```
string session_name( [string name] )
```

session_name() 函数功能：该函数既可以设置当前 Session name 的值（此时必须在 session_start() 函数调用前使用），也可以取得当前 Session name 的值（此时必须在 session_start() 函数调用后使用）。该函数返回一个字符串。

PHP 还定义了一个常量 SID，SID 常量为字符串类型数据，格式为 Session name=Session ID。在浏览器请求某 PHP 页面（该 PHP 程序开启了 Session）时，如果请求中不包含形如“Set-Cookie: PHPSESSID= btek48cklarn1m73eg2qkcsu12;”的 Cookie 请求头信息，将产生 SID 常量；否则 SID 的值为空字符串。

⑤ 预定义变量 $_SESSION

$_SESSION 是一个全局数组，负责解析和修改 Session 文件。PHP 提供了 session_unset() 函数和 session_destroy() 函数用于销毁 Session。

session_unset() 函数的语法格式如下：

```
void session_unset ( void )
```

session_unset() 函数的功能：删除当前内存中 $_SESSION 数组中的所有元素，并删除 Session 文件中的用户信息，并不删除 Session 文件，以及不释放对应的 Session ID。

session_destroy() 函数的语法格式如下：

```
bool session_destroy ( void )
```

session_destroy() 函数的功能：销毁 Session 文件，并将 Session ID 置为 0。销毁成功后函数返回 TRUE，否则返回 FALSE。

4）Session 和 Cookie 的区别

Session 和 Cookie 的区别如下：

- Cookie 采用的是在浏览器端保持状态的方案，Session 采用的是在服务器端保持状态的方案。
- 浏览器用户可以禁用浏览器的 Cookie，却无法停止 Web 服务器 Session 的使用。
- 在使用 Session 时，关闭浏览器只会使存储在浏览器端主机内存中的会话 Cookie 信息失效，不会使服务器端的 Session 信息失效。当浏览器用户下次登录网站时，服务器生成一个新的 Session 标记及对应的 Session 文件以供使用。
- 在使用 Session 时，第一次请求 page1 页面时，由于 page1 页面在服务器产生 Session 信息，page1 页面可以直接对该 Session 信息进行访问。而 Cookie 信息保存在浏览器端，只有 page1 页面第一次响应后，才会产生 Cookie 信息，因此第一次请求 page1 页面时，page1 页面不能访问到 Cookie 信息。
- Session 可以存储复合数据类型的数据，例如数组或对象；而 Cookie 只能存储字符串数据。

5）DIV+CSS

DIV 表示 HTML 文档内部的一个内容块，“<div id="*xxx*"> ... </div>”定义了一个

ID 为“xxx”的内容块。CSS（Cascading Style Sheet，层叠式样表）用于控制页面的外观。也就是说，DIV 负责页面内容的定义，而内容的显示效果由对应的 CSS 文件负责。

6）JavaScript 脚本语言

JavaScript 是一种增加网页交互性的脚本语言，与 Java 语言及 Java 服务器页面(JSP)没有任何关系。jQuery 是一套跨浏览器的 JavaScript 库，简化 HTML 与 JavaScript 之间的操作。本例中使用 JavaScript 及 jQuery，使用 DIV+CSS 进行页面布局，实现了菜单页面与订单页面中表格奇数行和偶数行的颜色设置。

D:\xampp\htdocs\Order\ShowMenu.php

```
<!DOCTYPE>
<html>
<head>
<title>点餐系统</title>
<meta http-equiv="Content-Type" CONTENT="text/html; charset=utf-8">
<meta http-equiv="Content-Language" content="zh-CN">
<meta http-equiv="pragma" content="no-cache">
<meta http-equiv="cache-control" content="no-cache">
<meta http-equiv="expires" content="0">
<meta http-equiv="keywords" content="keyword1,keyword2,keyword3">

<!— 引入jQuery，为菜单表格奇数行、偶数行、首行设置不同颜色 —>
<script src="./jquery.min.js" type="text/javascript"></script>
<script type="text/javascript">
        $().ready(function(){
            $("#main table tr:even").addClass("t_even");
            $("#main table tr:odd").addClass("t_odd");

            $("#main table tr:first").removeClass("t_even");
            $("#main table tr:first").addClass("t_tit");
        });
</script>

<style type="text/css">
body {
    font-family: "楷体";
    background: #F1F1F1;
    width: 100%;
    height: 100%;
    margin: 0;
}

#head {
    background-color: #E2E2E2;
    padding-top: 30px;
    padding-bottom: 20px;
    margin: 10px;
    margin-bottom: 30px;
}

#head h1 {
```

```
    font-size: 30px;
    font-weight: bold;
    color: #000099;
}

#main {
    margin: auto;
    width: 70%;
}

#main table {
    margin: auto;
    background: #CCC;
    text-align: center;
    font-size: 20px;
    width: 800px;
}

#main table, #main table tr, #main table tr td, #main table tr th {
    border: 0px solid;
}

.t_tit {
    background: rgb(114, 164, 202);
}

.t_even {
    background: rgb(194, 194, 194);
}

.t_odd {
    background: rgb(236, 236, 236);
}

.submit {
    width: 300px;
    height: 60px;
    margin: 40px auto auto auto;
}

.submit input {
    width: 100%;
    height: 100%;
    font-size: 30px;
    font-family: "微软雅黑";
    background: rgb(114, 164, 202);
    border: 0;
    cursor: hand;
}

.submit input:hover {
    background: #0873d7;
}
```

```
.submit input:active {
    background: #0873d7;
    border: 2px #FFF solid;
}
</style>
</head>
......................................................................
</html>
```

2. 课后题

（1）项目三中，管理端的开发采用了 B/S 模式（浏览器 / 服务器），客户端的开发采用了 C/S（客户端 / 服务器）模式，请结合具体的例子，分析两种模式各自的特点。

（2）项目三中，多次用到了 Session 与 Cookie 技术，请结合具体的例子，分析 Session 与 Cookie 的异同。

本项目操作录屏文件

自我实践

在通过 3 个项目的开发学习后，读者可使用在项目开发中积累的知识，根据自己的想法对项目进行完善。下面推荐几个可以完善的方面。

1．在线音乐播放器图片切换

在项目一的音乐播放视图中，音乐封面图片是固定的，请尝试对该部分进行完善，使得封面图片随着音乐的改变而改变，如图 4-1 所示。

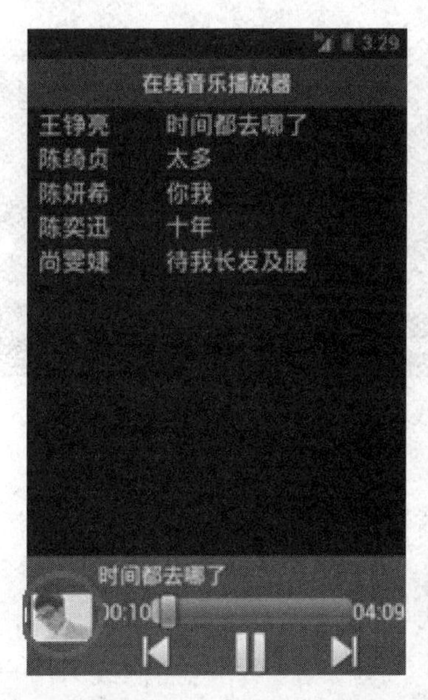

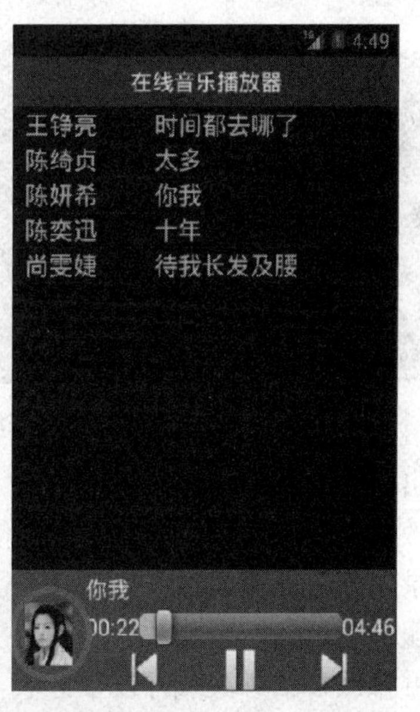

图4-1　在线音乐播放器图片切换

这里给出一些提示：

（1）修改服务端 JSON 文件，加入音乐封面信息，并在服务端添加封面图片资源。

（2）设计一个 HTTP 访问异步任务类，负责将服务端的封面图片加载到客户端。

（3）修改音乐信息封装类，封装封面信息。

（4）采用静态变量或广播等技术，将服务类中当前播放的音乐信息传递到主视图。

（5）根据音乐信息，调用第二步设计的 HTTP 异步访问类，从服务端加载相应的封面图片到本地。

（6）更新主视图中的相应图片控件。

请读者不要被上述提示局限思路，尽量自由发挥。

2．QQ在线聊天好友添加

项目二开发 QQ 在线聊天 APP 仅具有群聊的功能，请尝试添加好友聊天的一对一聊天功能。可参考图 4-2 进行设计：(1) 单击 QQ 登录界面左下角的设置按钮，进入好友添加界面；(2) 在好友添加界面中输入好友的账号及验证信息进行好友的添加，添加成功后返回登录界面；(3) 登录后可看到在线的好友；(4) 单击好友图标，进入聊天界面，与该好友私聊。

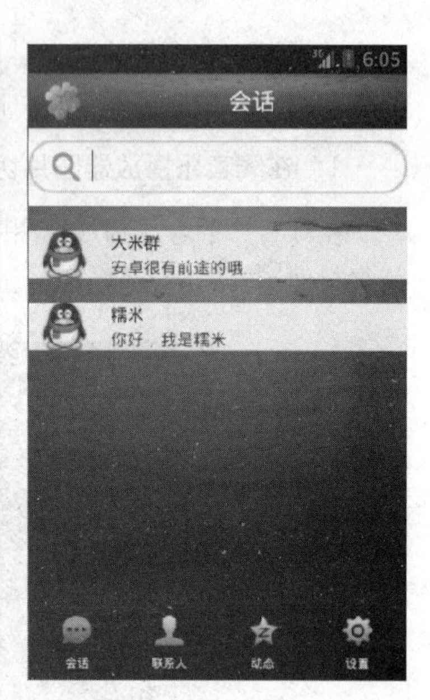

图4-2　QQ在线聊天好友添加

这里给出一些提示：

(1) 修改 myqq 数据库，添加一个群信息表，记录用户加入的群；添加一个好友信息表，记录每个用户添加的好友。

(2) 在服务端添加一个加群功能模块及一个加好友功能模块，负责接收客户端发送的信息，并修改群信息表或好友信息表，将用户加入相应的群或为用户添加相应的好友。

(3) 在客户端添加一个添加好友视图，获取用户输入的好友信息，并访问服务端的加好友功能模块，实现好友的添加。

(4) 修改聊天视图代码，根据用户选择的聊天好友，访问服务端并从聊天信息表中取得该好友的聊天信息。

(5) 同理，修改群聊功能的相应代码。

注意：上述思路仅为最便捷的实现方案，并不完善，请读者尽量根据自己的想法，对系统进行完善。

3．在线点餐系统服务器IP设置

项目三中，服务器 IP 是通过一个静态变量固定在程序中的，当服务器 IP 发生变化时，需要修改代码（项目一、二中的处理也是相似的），很不方便。请尝试在客户端添加服务器 IP 的设置功能，使用户可随时更改服务器 IP。可参考图 4-3 进行设计：（1）在登录视图中添加一个设置按钮，单击后进入设置视图；（2）在设置视图中输入 IP 及端口号，即可完成服务器 IP 设置。

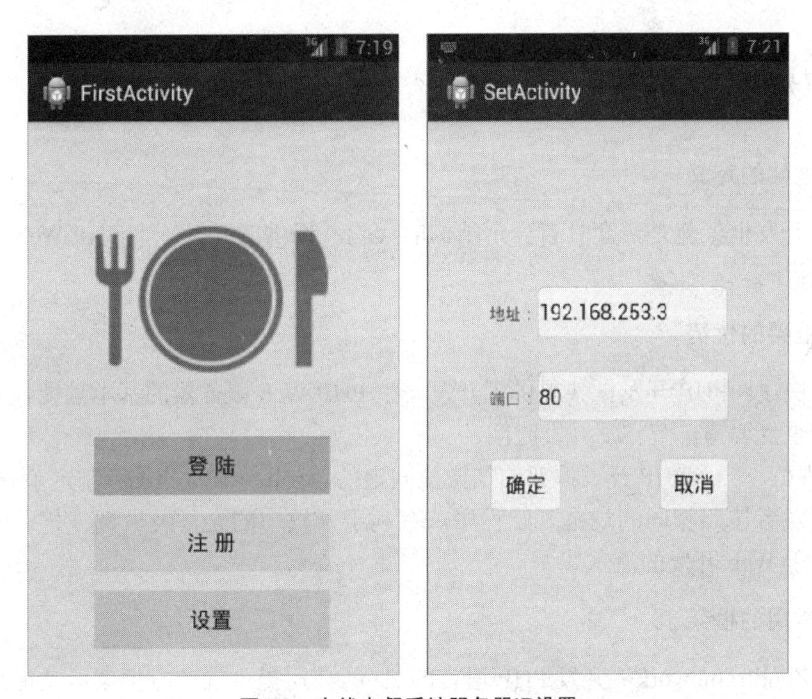

图4-3　在线点餐系统服务器IP设置

这里给出一些提示：

（1）在客户端添加一个设置视图，用于获取用户输入的 IP 及端口号。

（2）修改 HTTP 异步访问类 HttpPostUtil 代码，添加一个服务器 IP 修改方法。注意，服务器 IP 修改后，与服务端功能模块如登录、注册、下单等相关的 URL 都要进行调整。

附录A PHP开发框架初步

A.1 PHP 开发框架简介

1．框架的定义

PHP 开发框架就是一套具有一定结构的代码，提供了开发一个 PHP Web 服务器的基本功能代码。

2．框架的优势

（1）快速。PHP 开发框架提供了开发一个 PHP Web 服务器的基本功能代码，避免了代码的重复编写，节省了开发时间。

（2）规范。一个 PHP 开发框架的结构是固定的，这相当于为开发者制定了开发规范，所有的开发者按照相同的规范开发程序，有利于开发中的合作及后期维护。PHP 开发框架相当于 Web 开发的流水线。

3．常用的框架

（1）Zendframework：开发 PHP 语言的 Zend 公司提供的官方框架，功能最全也最为笨重。

（2）CodeIgniter：一个非常小巧的框架，开发灵活，速度快。

（3）CakePHP：一个重量级框架，耦合度高，开发大型项目会比较麻烦。

（4）ThinkPHP：国人框架，小巧，开发灵活，入门容易，不太适合大型项目。

（5）HushFramework：国人框架，已被多家国内网络公司采用，运行效率高，沿用了 ZendFramework 的规范。

4．框架与MVC

目前大多数框架都是基于 MVC 模式的。MVC 是一种采用 Model-View-Controller（模型—视图—控制器）结构开发程序的模式，强调程序中模型、视图、控制器三者分离。三者定义如图 A-1 所示。

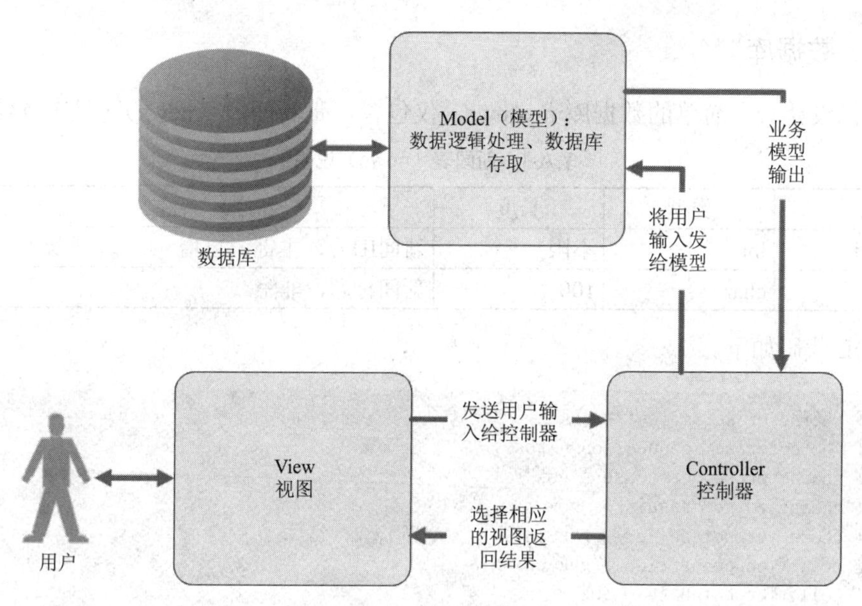

图A-1　MVC结构

- Model（模型）：程序中处理数据逻辑的部分，通常负责在数据库中存取数据。
- View（视图）：程序中数据显示部分，相当于用户界面。
- Controller（控制器）：程序中负责与用户交互的部分，控制器接收到用户的操作后，根据用户的操作调用模型中的相应方法进行数据库操作等，最后将模型传递回来的数据传递给视图进行显示。

A.2 ThinkPHP 开发框架实例

本节中将采用 ThinkPHP 框架开发一个简单的新闻页面，程序结构采用 MVC 模式。本例实现的功能如图 A-2 和图 A-3 所示，在新闻首页中单击新闻列表链接，则在新闻列表页中显示出当前所有的新闻。

图A-2　新闻首页

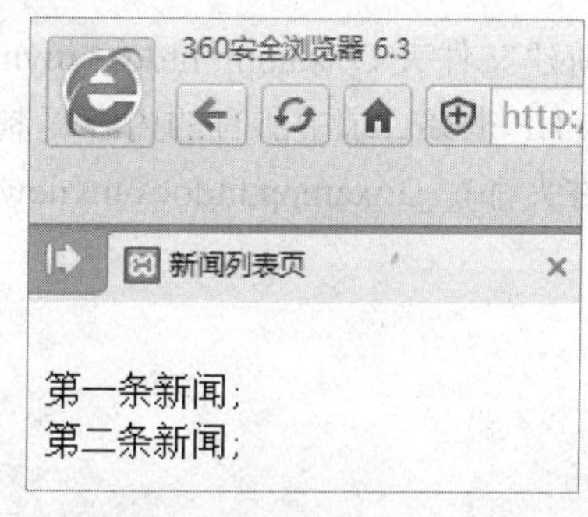

图A-3　新闻列表页

A.2.1 数据库

我们设计一个简单的数据库 mynews，仅包含一张新闻表（news）（见表 A-1）。

表A-1 新闻表（news）说明

属性	类型	长度	备注
news_id	int	不限	新闻ID号，主键，自增
title	char	100	新闻标题，非空

SQL 代码如下。

```
SET character_set_client = gbk ;
SET character_set_connection = gbk ;
SET character_set_database = gbk ;
SET character_set_results = gbk ;
SET character_set_server = gbk ;
SET collation_connection = gbk_chinese_ci ;
SET collation_database = gbk_chinese_ci ;
SET collation_server = gbk_chinese_ci ;

create database mynews;
use mynews;

create table news(
    news_id int auto_increment primary key,
    title char(100) not null,
);
```

打开 PhpMyAdmin，执行上述代码，完成 news 表的建立。然后，在 PhpMyAdmin 中打开 news 表，输入两条新闻，新闻标题分别为“第一条新闻”与“第二条新闻”。

A.2.2 View（视图）开发

1. 导入ThinkPHP框架

新建文件夹 D:\xampp\htdocs\mynews\，在其中新建一个文件夹“1”，将解压后的 ThinkPHP 框架目录中所有的内容复制到此文件夹。复制完成后，确保图 A-4 中的文件与文件夹都在 D:\xampp\htdocs\mynews\1 中。

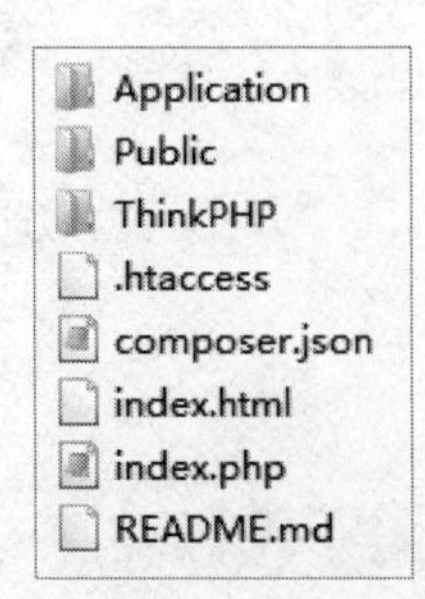

图A-4 ThinkPHP框架文件列表

同时确保图A-5中的文件与文件夹都在Application文件夹中，这些文件夹代表ThinkPHP应用程序中的各个模块。

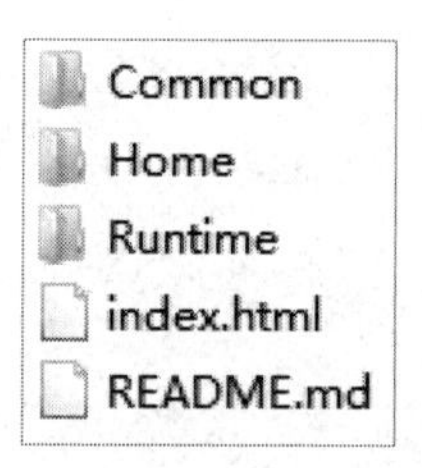

图A-5　ThinkPHP应用程序文件列表

2．创建程序管理模块

在D:\xampp\htdocs\mynews\1\Application\文件夹中新建一个文件夹Admin，用于存放管理程序输入/输出的代码。

将D:\xampp\htdocs\mynews\1\Application\Home中的所有文件与文件夹复制到D:\xampp\htdocs\mynews\1\Application\Admin\文件夹中。复制完成后，确保图A-6中的文件与文件夹都在D:\xampp\htdocs\mynews\1\Application\Admin\中。

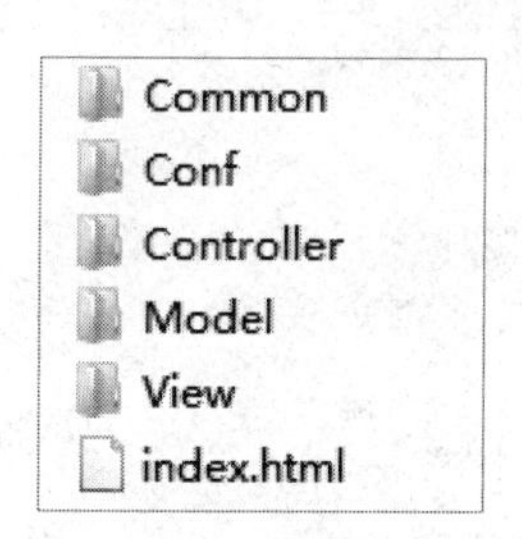

图A-6　程序管理模块文件列表

3．创建输出视图

在D:\xampp\htdocs\mynews\1\Application\Admin\View文件夹中创建一个News文件夹，存放相应Controller（控制器）的输出视图。

在D:\xampp\htdocs\mynews\1\Application\Admin\View\News文件夹中创建一个news_list.html页面文件，该页面用于接收相应Controller（控制器）的输出数据，然后展示给用户。代码如下。

D:\xampp\htdocs\mynews\1\Application\Admin\View\News\news_list.html

```
<!DOCTYPE html>
<html>
<head>
<title>

新闻列表页
```

```
</title>
</head>
<table>
<!-- 新闻列表-->
<!-- "newsList为对应的控制器输出的数据"-->
<volist name = "newsList" id = 'news'>
<tr>
<td>
    {$news.title};
</td>
</tr>
</volist>
</table>
</html>
```

4. 创建输入视图

在 D:\xampp\htdocs\mynews\1\ 文件夹中创建一个 index.html 页面，该页面为新闻发布系统的首页，也是 Controller（控制器）的输入页面。代码如下。

```
D:\xampp\htdocs\mynews\1\index.html
<!DOCTYPE html>
<html>
<head>
<title>
新闻首页
</title>

<!-- 单击新闻列表链接进入新闻列表页面 -->
<!-- 'm': 默认模块获取变量，这里用于访问ThinkPHP应用程序的Admin模块
     'c': 默认控制器获取变量，这里用于访问NewsController控制器
     'a': 默认操作获取变量，这里用于访问NewsController控制器的news_list()方法
  -->
<a href="index.php?m=Admin&c=News&a=news_list">新闻列表</a>

</html>
```

A.2.3 Controller（控制器）开发

在 D:\xampp\htdocs\mynews\1\Application\Admin\Controller\ 文件夹中创建一个控制器类 NewsController.class.php，在该类中创建一个 news_list() 方法，用于调用 Model（模型）中的方法，查询数据库中的新闻列表，并把查询到的数据传递给 news_list.html 页面。代码如下。

```
D:\xampp\htdocs\mynews\1\Application\Admin\Controller\NewsController.class.php
<?php
namespace Admin\Controller;
```

```
use Think\Controller;

class NewsController extends Controller{
    //获取数据库中的数据并显示
    public function news_list(){
        //调用M()方法为数据库中的News表创建一个Model（模型）对象
        $newsModel = M('News');
        //调用Model（模型）的select()方法查询News表中的新闻列表数据
        $newsList = $newsModel->select();
        //将获取到的列表数据赋给一个名为newsList的页面变量
        $this->assign('newsList',$newsList);
        //打开news_list.html页面进行数据显示
        $this->display('news_list');
    }
}
?>
```

A.2.4　Model（模型）开发

本例非常简单，只需给 ThinkPHP 提供的 Model（模型）方法配置好参数即可。打开 D:\xampp\htdocs\mynews\1\Application\Common\Conf\config.php，填写如下代码，使 ThinkPHP 的 Model（模型）可以访问 localhost 主机上 MySQL 数据库中名为 news 的数据库。

D:\xampp\htdocs\mynews\1\Application\Common\Conf\config.php

```
<?php
return array(
        'DB_TYPE' => 'mysqli',          //数据库类型
        'DB_HOST' => 'localhost',       //数据库主机名
        'DB_NAME' => 'mynews',          //数据库名
        'DB_USER' => 'root',            //数据库用户名
        'DB_PWD' => 'passwd'            //数据库密码
);
```

A.2.5　测试

在浏览器地址栏中输入 http://localhost/mynews/1/index.html，打开新闻发布系统首页，单击“新闻列表”链接查看新闻列表。

A.3　小结

本章采用 ThinkPHP 框架，将新闻发布系统的新闻浏览功能改造成了 MVC 模式，实现了 Model-View-Controller（模型—视图—控制器）三者的分离。本章的代码中，HTML 代码与 PHP 代码完全分离，Controller（控制器）与 View（视图）之间仅通过一个 newsList 变量传递数据，实现了页面美工人员与 PHP 程序员工作的完全分离。

A.4 课后题

（1）将 QQ 在线聊天系统采用 ThinkPHP 框架改造成 MVC 模式。

（2）尝试自行安装调试 HashFramework 等框架，体验不同框架的特性。

参考文献

[1] 李维勇等．Android 任务驱动式教程．北京航空航天大学出版社，2011.

[2] 曾文权，何拥军．Android 应用开发基础教程．北京：电子工业出版社，2013.

[3] 赖红等．基于工作任务的 Android 应用教程．北京：电子工业出版社，2014.

[4] 孔祥盛．PHP 编程基础与实例教程．北京：人民邮电出版社，2011.

[5] 黄隽实．Android 和 PHP 开发最佳实践．北京：机械工业出版社，2012.

反侵权盗版声明